W0214489

Lektorat und Bildredaktion: Hermann Pölking-Eiken
Cover und Layout: Helmut Albers
© 1986 steintor: Bremen Verlagsgesellschaft mbH
Alle Rechte vorbehalten

Auflage: 3. 2. 1990 1989
(letzte Ziffer nennt Auflage und Jahr)

Herstellung: Helmut Albers Herstellungsservice, Bremen
Satz: VA Peter Großhaus, Wetzlar
Lithografie: ATL Reprotechnik, Bremen
Druck und Bindung: Fuldaer Verlagsanstalt GmbH

CIP-Kurztitelaufnahme der Deutschen Bibliothek

Kubisch, Ulrich:
Hansa-Lloyd : Borgward war nicht d. Anfang … ;
Automobilbau in Bremen u. Varel bis 1929 /
Ulrich Kubisch. – Bremen : Steintor, 1986.
Ausstellungskatalog
ISBN 3-926028-00-9
NE: HST

Borgward war nicht der Anfang:

HANSA LLOYD

AUTOMOBILBAU

in Bremen und Varel bis 1929

steintor: Ulrich Kubisch

Inhalt

Industriearchäologie

Siebzig Jahre hatte die Bremer Automobilindustrie unter keinem guten Stern gestanden. Zwei Firmenzusammenbrüche und die Auswirkungen der beiden Weltkriege gefährdeten die Existenz eines Automobilbaus an der Weser. Erst als der gute Stern aus Untertürkheim über Bremen aufging und nach schwierigen Anfangsjahren, die in dieser Stadt selbst den erfolgsverwöhnten Schwaben nicht erspart blieben, Ende der siebziger Jahre als Nordstern Licht in die Finsternis der Bremer Industriegesellschaft brachte, wurde diese Kontinuität des Scheiterns wohl für immer unterbrochen. Ob heute allerdings noch immer von einer »Bremer Automobilindustrie« gesprochen werden kann, ist zu fragen. Der Automobilbau in Bremen wird, eingebettet in ein Produktionsnetz, aus Stuttgart ferngesteuert. An der Weser wird gefertigt. Entwickelt, konstruiert, verkauft und entschieden wird in der schwäbischen Zentrale. Das hat zum einen Auswirkungen auf die Struktur der Beschäftigung. Zum anderen auch auf den Grad der Identifikation einer Stadt mit dem Produkt, das mittlerweile der größten Menschengruppe am Ort eine Beschäftigung gibt. Aber wohl niemals wird ein Bremer einen »190er« Mercedes neben Roland und Stadtmusikanten als dritte »Bremensie« in jener Verehrung hochhalten, wie sie seit 30 Jahren Borgwards »Isabella« in dieser Stadt genießt.

Der Name des Selfmademannes Carl Friedrich Wilhelm Borgward ist auch heute, 25 Jahre nach seinem mittlerweile schon rühmlichen Konkurs, noch das Synonym für die Bremer Autoindustrie. Seine markante Persönlichkeit, an der sich viele – seine Arbeiter und Betriebsräte, die Presse, die Politiker und die Konkurrenten – reiben konnten, führte dazu, ausschließlich seine Aktivitäten mit dieser für die Hansestadt seit 80 Jahren bedeutenden Branche zu identifizieren. Seine Nachfolger von Daimler-Benz, die in die von Rheinstahl bereits stark verschlissenen Schuhe von Borgward schlüpften, spürten das nachwirkende Image Borgwards und haben mittlerweile auch dessen Geschichte in die Tradition ihres Hauses aufgenommen. »Traditionsbewußt und lokalpatriotisch wie sie nun einmal sind, werden die Bremer einem der ihren weniger Steine in den Weg der Expansion legen, als sie es uns Multis aus dem Schwabenland beim Werksausbau Ende der siebziger Jahre taten« werden sich die Daimler-Benz-PR-Strategen zu Recht gedacht haben.

Assoziiert sich heute dank der beherrschenden Persönlichkeit Borgwards erst langsam »Daimler-Benz« zur »Autostadt Bremen«, so ist das Kapitel Bremer Automobilindustrie, das *vor* Borgward geschrieben wurde, im öffentlichen Bewußtsein fast völlig vergessen. Und in den vorliegenden Borgward-Büchern kommt diese Phase nur als eine Art Vorbemerkung vor. Wen wundert es? Die Borgward-Tragödie besteht aus einem hohen Flug und einem tiefen Fall. Der Autokönig selbst spielt in ihr den Helden und immer wieder den Schuft. Ihre Spuren in der automobilen und lokalen Landschaft bleiben bis auf weiteres. Es gab zwischen 1929 und 1961 richtungsweisende Konstruktionen und geniale Sackgassen. Borgwards 32 großen Jahre fallen gleichzeitig in die goldene Zeit des Automobils. Sein Konkurs gibt noch heute zu Spekulationen Anlaß...

Bei der Namag und bei Hansa-Lloyd scheint es hingegen nur tristes Mittelmaß gegeben zu haben. Die Namen der Konstrukteure sind vergessen, ihre Konstruktionen auch. Gut ein Dutzend Autos dürften unauffällig noch als Exoten bei Privatleuten und in wenigen Museen überdauert haben. Kein Auto-Tycoon, sondern allein in Bilanzen bewanderte Bankiers gaben bei Hansa-Lloyd den Ton an; einmal bei Hansa sogar die Geschäftsaufsicht. Nicht der Enthusiasmus von Pionieren, sondern das Kalkül von Handelskaufleuten und die Gesetze des Kapitals scheinen den Automobilbau in Bremen von 1906 bis 1929 angetrieben zu haben. Im übrigen domierte der Nutzfahrzeugbau. Mit Lastwagen, Bussen und Schleppern ist unter automobilhistorisch Interessierten nur wenig Furore zu machen.

Diese Sicht des Automobilbaus in Bremen vor Borgward ist eine einseitig falsche. Sicher ist er ökonomisch eine Aneinanderreihung von Rückschlägen und Fehlentscheidungen gewesen. Und es gibt auch keine aufsehenerregenden

Aufsicht eines Chassis für den Lloyd 22/40 PS

Hansa 8/20 PS (1911–1912) mit Vierzylinder-Reihenmotor, Viergang-Schubvorlegegetriebe, 70 km/h während einer Zuverlässigkeitsfahrt 1914.

Konstruktionen wie den »Hansa 1700« oder gelungene Entwürfe wie das Blechkleid der »Isabella«. Wer die Bedeutung und die Leistungen der Namag, der Hansa-Werke und von Hansa-Lloyd richtig beurteilen will, muß den vorherrschenden Standpunkt nicht nur der Automobilgeschichte verlassen. Er muß oft in heute unbebautem Gelände graben oder an Fundamente heran, die nicht mehr erahnt werden. Wo einmal die Kontinuität unterbrochen wurde oder die erfolgreicheren Nachfolger die Geschichte »korrigiert« haben, muß eine besondere Form der Industriearchäologie betrieben werden.

Interessiert wirklich nur die Frage, warum das Dorf Fallersleben zu Wolfsburg wurde, und aus der Weinseligkeit Rüsselsheims eine Industriestadt? Oder macht die Frage Sinn, warum nicht Varel in Nordoldenburg ein deutsches Detroit wurde (unabhängig von der Frage, ob sich die Vareler heute an der Stelle von Dangast einen tiefgebaggerten Exporthafen wünschen)? »Was wäre wenn?« ist eine müßige historische Frage, solange sie nicht Schlüsse auf aktuelle Prozesse zuläßt. Zumindest könnte eine solche Frage rhetorische und politische Munition geben. Was wäre also, wenn Hansa-Lloyd die »Gemeinschaft Deutscher Automobilfabriken« zu einem Trust verschmolzen hätte, dank des rührigen Allmers in Bremen die Konzernleitung gesessen hätte und 1926 erst Daimler und dann Benz aus den Klauen des Spekulanten Jakob Schapiro befreit hätte? Die deutsche Wirtschaftslandschaft und damit die politische sähe anders aus. Längst wäre der Konzern in sozialdemokratisch eingefärbter Bremer Senatshand und Lothar Späth aussichtslos Oppositionsführer im heutigen Musterländle... Aber hätte die Geschichte so kommen können?

Natürlich nicht. Denn in Varel 1905 und in Bremen 1906 fanden sich ganz andere historische und gesellschaftliche Bedingungen vor als 20 Jahre zuvor im Schwabenland und am Mittelrhein. Die Bremer Automobilindustrie verdankt die Tatsache ihrer Existenz nicht der Erfindungsgabe begabter oder besessener Ingenieure von der Art eines Benz, Daimler oder Maybach, sondern der Weitsichtigkeit eines den Wandel im Handel richtig einschätzenden Reeders. Der Direktor des Norddeutschen Lloyd, Heinrich Wiegand, hatte schon um die Jahrhundertwende erkannt, daß sich die Hafenstadt Bremen, die nur ein sehr kleines und wenig industrialisiertes, durch die Weser erschlossenes Hinterland besaß, ihre Exportgüter selbst schaffen muß. Er hatte deshalb die Ansiedlung von damaligen »Zukunftsindustrien«

Lloyd-Torpedo-Doppelphaeton 22/50 PS (1910–1914) mit Vierzylinderreihenmotor, Viergang-Schubvorlegegetriebe, 90 km/h, Preis für das Fahrgestell: ca. 13 500 Mark.

betrieben. Kapital für diese Industrien war an der Weser reichlich vorhanden, wie die zu jener Zeit blühende Bauindustrie zeigt, deren Bauten – »Bremer Häuser«, Stadtvillen und Landhäuser – noch heute von Wohlstand und nach Anlage suchendem Kapital künden. Das gefüllte Portemonnaie konnte so in Bremen die erfinderische Tat und originären Enthusiasmus ersetzen.

Die Vareler Autopioniere Allmers und Sporkhorst trieb andere Motive. Der Zeitungsverleger Allmers, eine technische und kaufmännische Doppelbegabung und zudem in der glücklichen Lage, Kapital ererbt zu haben, kam als begeisterter aber noch unzufriedener Automobilist zur Rolle des Autoindustriellen. Seinen Freund, Nachbarn und Partner August Sporkhorst lockten die interessanteren Fragen von den Textilmaschinen der Vareler Weberei Taemeling und Stoeve fort zu den Verbrennungsmotoren hin. Beide fühlten sich in den Anfangsjahren zwar auch noch für technische Innovationen zuständig, aber in ihre Motivationen flossen Ambitionen wie die der frühen Autopioniere und solche des Handelsmanns Wiegand zusammen. Mit technischem Sachverstand produzierten die Vareler für Lücken auf dem noch engen Markt. Diese Interessenkonstellation erklärt das erfolgreiche erste Jahrzehnt der Automobilbauer aus der oldenburgischen Provinz. Daimler, Benz, Panhard, deDion und die anderen wurden von ihren Ideen vorwärtsgetrieben, Heinrich Kleyer, den Gründer der Frankfurter Adler-Werke und die Gebrüder Opel, bereits Herren über große Fabriken, bevor Opel den Automobilbau aufnahm, lockte ein neuer zukunftsträchtiger Markt. Die Vareler richteten sich in einer Marktnische ein: Sie produzierten entgegen dem Trend nach französischem Vorbild zunächst kleine Automobile mit anspruchslosen Einzylindermotoren. Nachdem sie damit dem Automobil in Deutschland einen neuen Käuferkreis, der sonst nur mit Importfahrzeugen bedient wurde, erschlossen hatten, entwickelten sie einen kompakten Vierzylinder.

Am Vorabend des Ersten Weltkrieges schien sich Varel zu einem nördlichen Zentrum der deutschen Automobilindustrie zu entwickeln. Am Jadebusen orientierte man sich auf den russischen Markt. In dem Bereich, den man heute Marketing nennt, gingen die Vareler neue Wege, indem sie ihre Kunden durch Fahrschulen, Betriebszeitschriften und Clubs an die Marke banden und gezielt besondere Berufsgruppen umwarben. Überhaupt schien es All-

Hansa-Lloyd 2 to-Express Lkws werden 1926 durch die Reichswehr übernommen.

mers und Sporkhorst immer wieder um »Anbindung« zu gehen – nicht nur ihrer Kunden. Auch in der Sozialpolitik zeigten sich Allmers und Sporkhorst als aufgeklärte Kapitalisten. Die auch in Varel spürbare Klassenkampfstimmung federten die provinziellen Verhältnisse für die Arbeiterschaft ab. Man band die oft entwurzelten, aus den Großstädten oder den technisch fortschrittlicheren Regionen des Südwestens, Mitteldeutschlands und des Westens angeworbene Facharbeiter und die zu Fabrikarbeitern gewordenen Landarbeiter der Region wieder an eigenen Grund und Boden und setzte sie so in die Lage, mit einer zweiten Ökonomie dank eigener Gärten und von Haus- und Grundbesitz auch in Varel nicht vermeidbare Krisen zu überbrücken. Gleichzeitig verschleierten sie Klassengegensätze, indem auch Sporkhorst und Allmers unter dem Mythos der Betriebs- und Arbeitsgemeinschaft ihren Wohnort, den der leitenden technischen und kaufmännischen Angestellten, der Meister und Vorarbeiter in eine Siedlung verlegten, in der auch die Stammarbeiterschaft wohnte.

Trotz zahlreicher bemerkenswerter technischer Leistungen überzeugten die Wagen aus Varel vor allem durch die Qualitätsarbeit, die ihnen noch bis Ende der zwanziger Jahre bescheinigt wurde. Diese Qualitätsproduktion läßt sich zunächst nur aus der hohen Motivation der Vareler Arbeiterschaft erklären. Denn aus den vom Heimatverein Varel aufbewahrten Akten der Stadtverwaltung geht zumindest eines hervor: Um die Organisation der Betriebsabläufe war es Mitte der zwanziger Jahre in Varel nicht mehr sehr gut bestellt. Gleichzeitig belegen diese Akten aber auch eine weitere Ursache für den hohen Standard der Vareler Automobilproduktion in seinem letzten Jahrzehnt. In Varel wurde zuguterletzt nur die Konfektion der deutschen und internationalen Automobilzulieferer zusammenmontiert: Bremsen, Reifen, Motoren, Tachos, Beleuchtung und Karosserien stammten von Zulieferern, die heute noch einen guten Namen in der Automobilindustrie haben. Zu einem nennenswerten Produkt wurde dieses Baukästen-Konglomerat allein durch den guten Ruf der Solidität, den sich Hansa vor dem Ersten Weltkrieg erworben hatte.

Trotzdem wurde im technischen Bereich in Varel und Bremen zweimal Automobilgeschichte geschrieben. 1921 waren die Vareler Hansa-Werke in Deutschland die ersten, die bei ihren Modellen die Linkssteuerung einführten. Kaum jemand kann sich heute noch vorstellen, wie ungewöhnlich es die Zeitgenossen fanden, daß dem entgegenkommenden Verkehr mehr Aufmerksamkeit zugestanden werden sollte als dem Straßenrand. Dabei entsprach der Entschluß der Hansa durchaus den Veränderungen im Straßenverkehr. Die Straßen wurden besser und der Verkehr dichter. Die Menschen begannen, auf die immer schneller werdenden Automobile zu achten, während die Wahrscheinlichkeit einer Kollision mit der Zahl der Automobile zunahm.

1923 waren die Bremer Hansa-Lloyd-Werke die ersten in Deutschland, die sich an die Entwicklung eines Achtzylinderwagens machten. Daß sie am Markt nach Horch nur die Nummer 2 wurden, weil ihr Motor erst 1925 ausgereift war, spricht nicht für die Leistungsfähigkeit der Bremer Konstruktionsabteilung, während die Firmenleitung das Käuferinteresse in der höchsten automobilen Klasse wohl richtig einschätzte. Denn längst beschränkten sich die Wünsche nach Luxus nicht auf die Pracht einer edlen Ausstattung. Eine hohe Motorleistung, die nicht nur die Tonnengewichte der Luxusausstattung meisterte, sondern gleichzeitig auch eine bis dahin nicht gekannte Laufkultur gewährleistete, würde Käufer finden. Daß der Wagen trotzdem ein totaler Fehlschlag wurde, liegt an dem enger werdenden Markt in der Luxusklasse, den Horch- und Maybach-Limousinen sowie die britischen Nobelmarken beherrschten und auf dem der Zweite dem Image nach schon der Letzte war.

Daß auch diese seltene innovative Tat der Bremer Hansa-Lloyd-Werke kein ökonomischer Erfolg wurde, muß wohl in der unternehmerischen und automobilistischen Philosophie der Aufsichtsräte – vornehmlich Bankiers – und der Firmenleiter Allmers und Meyer gelegen haben. Gerade im republikanischen Bremen überrascht es, daß niemand bei Hansa-Lloyd die Zukunft des Automobils richtig einschätzte. Zwar war es richtig, wenn Allmers das Bremer Werk vor allem auf den Nutzfahrzeugbau orientierte. Aber er tat dies auch, weil er

Senator H. S. Meyer

Hans Sigismund Meyer, Vorstandsmitglied der Hansa-Lloyd Werke A.G., wurde 1921 Senator der Freien Hansestadt Bremen. Es war das erste Mal, daß ein Industrieller Mitglied der Bremer Regierung wurde. Als kaufmännischer Senator verwaltete Meyer dort die wirtschaftlichen Ressorts, die städtischen Gas- und Elektrizitätswerke, den Verkehr und die »Staatsarbeiterfragen«.

1925 wurde Meyer von der Technischen Hochschule Braunschweig zum Dr. Ing. e. H. ernannt. Das geschah in Anerkennung seiner Verdienste um die Entwicklung des Elektromobil.

als nationalökonomisch denkender Mann für das Automobil als Verkehrsmittel breiter Bevölkerungskreise in Deutschland keinen Markt sah. Die beiden Standbeine von Hansa-Lloyd – der Nutz- und der Luxusfahrzeugbau – spiegeln diese Einschätzung wieder. Den ökonomischen Sinn von Transport mit Pferdestärken statt mit richtigen Pferden predigte die Hansa-Lloyd-Werbeleitung ständig. Ansonsten würde das Automobil ein Luxusobjekt für eine Elite bleiben, die im übrigen auch die Kaufentscheidung für die Nutzfahrzeuge traf. Sie sollte bedient werden. Obwohl aufgrund der engen Handelsbeziehungen der Hansestadt zu den USA die dortige erste Welle der Massenmotorisierung bestens bekannt war, schätzte Allmers die Verhältnisse in Deutschland als grundlegend anders ein. Er hielt an seiner Einschätzung auch noch in den dreißiger Jahren als Vorsitzender des Reichsverbands der deutschen Automobilindustrie fest, als er den faschistischen Plänen für einen Volkswagen verhaltenen Widerstand entgegensetzte, weil er dafür keine Massenkaufkraft sah.

Carl F. W. Borgward hatte da eine ganz andere Meinung. Schon mit seinen ersten Goliath-Automobilen sprach er Gewerbetreibende an, die sich Hansa-Lastwagen niemals hätten leisten können. Seine primitiven, aber preisgünstigen Dreirad-Vorder- und Hinterlader offerierte der Sohn eines Kohlenhändlers einem bis dahin unerreichten Automobilpublikum, das noch mit dem Pferd Briketts, Milch und Gemüse zum Kunden und zum Wochenmarkt brachte. Gleich nach der Übernahme der Hansa-Lloyd-Werke übertrug er seine Erfahrungen auch auf den Pkw-Bau. Sein »Goliath-Pionier« erschien zu der Zeit auf dem Markt, in der auch die unverkauften Hansa-Lloyd-Luxuswagen von ihm verkauft wurden. Der Pionier, über 4 000 mal verkauft, eine Produktionszahl, den kein Hansa- und Hansa-Lloyd-Fahrzeug erreicht haben dürfte, stellt den nackten Traum der Fortbewegung dar. Auf jeden Komfort wurde verzichtet und trotzdem gewann Borgward mit solchen Vehikeln, die wirklich nichts anders taten als fahren, dem Auto neue Schichten. Als sich 1933 dank der die Kaufkraft des Mittelstands – der wichtigsten Nazi-Klientel – stärkenden faschistischen Politik, der Wohlstand dieser Schichten steigerte und diese in neue Autoklassen aufsteigen konnten, wuchs Borgwards Typenprogramm mit. 1949 griff er auf diese Erfahrungen zurück und wies mit seinem Lloyd LP 300 (»Leukoplastbomber«) der Massenmotorisierung der BRD den Weg.

Bei Hansa-Lloyd traf auch Allmers, der ehemalige Automobilenthusiast und Erfinder, Entscheidungen nach vornehmlich ökonomischen Gesichtspunkten. Schon zu den Zeiten der Namag waren die Bremer der Ansicht gewesen, in Deutschland gebühre dem Elektromobil die Zukunft. Das Land verfügte über keine reichhaltigen Ölquellen. Das Publikum fürchtete sich vor den ratternden, angeblich explodierenden Bezinmotoren. Zur Zeit der Namag-Gründung war die Leistungskraft der meisten Automobile mit Verbennungsmotor nicht größer als die der Elektrowagen. Reichweite spielte für viele keine Rolle. Fernreisen unternahm man aus Bequemlichkeitsgründen mit der Eisenbahn. An den Umgang mit der Elektrizität hatte sich zumindest das Bürgertum gewöhnt. Zudem war Strom billig. Denn er stammte aus heimischen Energiequellen, der Wasserkraft und der Kohle. Die handelserfahrenen Namag-Gesellschafter sahen hier einen unbedingten Vorteil des Elektrowagens und setzten zunächst vor allem auf diese Richtung. Sie steuerten ihre Gründung in eine Sackgasse.

Hansa Typ P von 1924, karossiert bei Karmann in Osnabrück mit Vierzylinder-Reihenmotor, 8/36 PS, Viergangetriebe, 85 km/h. Preis für diese Limousine: 11 950 RM

Denn Autos sind nicht nur nützlich. Sie sind ein Identifikations- und Lustobjekt. Sie waren schon immer ein Spielzeug und Sportinstrument. Zumindest für die frühen Automobilisten mußten sie nicht unbedingt bedienungsleicht, laufruhig und um jeden Preis ökonomisch vernünftig sein. Sie sollten nicht mit sanfter Energie daherrollen, sondern mit Getöse spießige Passanten und die Pferdekonkurrenz erschrecken. Vor allen Dingen aber tragen Autos den Mythos der Geschwindigkeit in sich. Vor dem Hintergrund dieser »Seele des Autos« hatte der Elektrowagen keine Chance. Er erwies sich als technische Sackgasse.

Gleislose Lloyd-Bahn Brockau
Gleislose Lloyd-Bahn Brockau

LLOYD GARAGE
Telefon 2723
STOCK
2150

Die Namag

Um die Jahrhundertwende war die wirtschaftliche Basis der Hansestadt Bremen starken Schwankungen unterworfen. Die ungünstige Lage der Hansestadt an einem Strom, der nur ein beschränktes Hinterland durchfloß, die Tatsache, daß die großen Industriebezirke ihre natürliche Verbindung über Elbe und Rhein stets hatten, ließen erkennen, daß ohne eine Verbreiterung des wirtschaftlichen Bodens für Bremen sein Handel und seine Schiffahrt langfristig stagnieren mußten. Diese Verbreiterung des wirtschaftlichen Bodens konnte nur in zwei Richtungen erfolgen: in der Ausgestaltung besserer Wasserverbindungen und in der Schaffung eines neuen Industriegebietes im Stromgebiet der Weser.

Einer der ersten Bremer, die dies erkannten, war der spätere Vorsitzende des Vorstandes der Reederei Norddeutscher Lloyd, Dr. Heinrich Wiegand. Seine Bemühungen, die industrielle Entwicklung der Waterkante zu fördern, blieben allerdings lange Jahre hindurch zunächst ohne fruchtbringende Ergebnisse, wie der Jurist in seinen Erinnerungen festhielt:

»Der Versuch Bremer Kaufleute, den ich durch meine persönliche Tätigkeit unterstützt habe, der Zuckerindustrie an der Weser durch Errichtung einer grösseren Raffinerie in Hameln einen starken Rückhalt zu geben, ist gescheitert, und zwar wohl hauptsächlich infolge des Umstandes, daß es nicht gelang, den richtigen Mann für die Leitung zu finden. Der Fehlschlag dieser Zuckerraffinerie ist insofern verhängnisvoll geworden, als dadurch in Bremen lange Jahre hindurch die Neigung zur Betätigung in industriellen Unternehmungen arg zurückgedrängt wurde. So scheiterte denn auch der Versuch, den ich Ende der 80er Jahre in Verbindung mit der Firma Rickmers machte, ein Unternehmen für die Ausbeutung der Steinsalzlager in Wietze ins Leben zu rufen, an dem Mangel an Interesse, das diese Frage hier in Bremen fand.«

Weit schmerzlicher war für Wiegand, der keiner Bremer Kaufmannsdynastie entstammte und es als Gärtnerssohn mit seiner Überzeugungsarbeit oft schwer hatte, die Borniertheit des Bremer Establishments zu durchbrechen, der Fehlschlag, den er bei seinen Bemühungen erlitt, mit Hilfe der Thomson Houston Company in Boston eine große Elektrizitätsgesellschaft zum Zweck des Ausbaus elektrischer Straßenbahnen in Bremen zu errichten. Wiegand erinnerte sich später voller Bitterkeit:

»Ich bin selten in meinem Leben einem so großen Mangel an Verständnis für die Bedeutung der Sache und einem solchen Kleinmut begegnet.«

Es ging bei dem Projekt konkret um folgendes:

»Ich (Wiegand, d. V.) war mit der Thomson Houston Comp. in Berührung gekommen dadurch, daß diese beabsichtigte, bei Gelegenheit der im Jahre 1890 in Bremen stattfindenden Industrie- und Gewerbeausstellung eine elektrische Straßenbahn vorzuführen. Das elektrische Straßenbahnwesen war damals in Europa noch im Anfangsstadium. Nach den Versuchsbahnen von Lichterfelde und Offenbach hatte die Firma Siemens und Halske gerade den Gedanken der Errichtung einer elektrischen Bahn in Halle aufgenommen, während in den Vereinigten Staaten das elektrische Straßenbahnsystem, namentlich unter der Führung der Thomson Houston Gesellschaft, bereits zu großer Entwicklung gelangt war. Die in Bremen von der Gesellschaft vorgeführte Versuchsbahn funktionierte tadellos. Der Wunsch der Thomson Houston Gesellschaft, sich in Deutschland zu etablieren, begegnete sich bei mir mit dem Gedanken, in Bremen eine Elektrizitäts-Gesellschaft zur Einführung elektrischer Straßenbahnen zu errichten. Mein Freund Hamspohn in Köln nahm den Gedanken ebenfalls auf und uns beiden gelang es, Herrn Loewe, den Chef der Firma Ludwig Loewe & Co., für den gleichen Plan zu interessieren, und zwar immer auf der Grundlage, daß der Sitz der neuen Gesellschaft in Bremen sein sollte.«

Viel schwieriger war es für Wiegand, in Bremen selbst das Interesse dafür zu finden. Nach langen Verhandlungen gelang es ihm schließlich, die leitenden Persönlichkeiten der Bremer Bank, des einzigen größeren Geldinstituts in der Hansestadt, für den Plan zu gewinnen. Im Auftrag Loewes und der Bremer Bank gingen Geschäftspartner Hamspohn und Wiegand im Frühjahr 1891 in die Vereinigten Staaten, um

Die Norddeutsche Automobil- und Motorenfabrik (Namag) wurde im Mai 1906 gegründet. Sie zählte zu einem der zahlreichen ehrgeizigen Industrieprojekte des Generaldirektors des Norddeutschen Lloyds, Heinrich Wiegand, der von dem Gedanken ausging, daß zur Erhaltung der Bedeutung Bremens eine starke Industrie an der Wasserkante notwendig wäre. Das Feld der Namag war in erster Linie das Elektromobil und der Lastwagen. Nachdem die Aktionäre über acht Jahre lang keinen Pfennig Dividende sahen, atmeten sie 1911 endlich auf: die Namag fusionierte mit den prosperierenden Hansa-Automobilwerken, Varel, zur Hansa-Lloyd Werke Aktiengesellschaft.

Seite 10: Oben: Frühe Oberleitungsbusse (»Gleislose Lloyd-Bahn«) werden im Werk verladen. Unten: Fünf Lloyd Typ 15/35 (»Prinz-Heinrich-Typ«)-Fahrgestelle mit Überführungskarosserien um 1910 vor einer Bremer Werkstatt. Die Höchstgeschwindigkeit dieses Modells betrug 75 km/h.
Bild oben: Elektrischer Lloyd-Krieger Stadtwagen. Er erreichte eine Höchstgeschwindigkeit von 40 km/h bei einem Aktionsradius von 90 Kilometer. Die Aufnahme zeigt H. S. Meyer bei einer Besichtigung der Krieger-Werke in Puteaux/Seine im Jahre 1906.
Bild unten: Lloyd-Krieger auf Ausflugsfahrt im Bremer Umland. Die Passagiere sind ein Lloyd-Ingenieur und die Frauen leitender Mitarbeiter.
Seite 13: Gleislose in der Erprobung im Bremer Nahverkehr. Die Erprobung scheiterte.

die Verhandlungen mit der Thomson Houston Comp. zu führen. Es gelang ihnen, einen sehr günstigen Vertrag zum Abschluß zu bringen, welcher der neuen Gesellschaft die Ausnutzung sämtlicher Patentrechte übertrug! Zufrieden kam Wiegand nach Bremen zurück, *»mit dem Bewußtsein, für die Vaterstadt den Ausgangspunkt für die Beteiligung an der Entwicklung der vornehmsten Industrie, welche die letzten Jahrzehnte sich hatten entwickeln sehen, geschaffen zu haben.«*

Doch als der Vertrag zur Ratifikation an die Bremer Bank kam, lehnte diese plötzlich ab. Wiegand war fassungslos:

»Herr Loewe, trotzdem ihm die Errichtung der Gesellschaft in Berlin viel näher lag, tat alles, was möglich war, um die Stimmung in Bremen zu Gunsten des Plans zu beeinflussen, aber seine Bemühungen bei den Herren der Bremer Bank waren ebenso vergeblich wie bei der Leitung der Deutschen Nationalbank; auch hier fanden wir keinerlei Verständnis. – So mußte ich denn schweren Herzens einwilligen, daß die neue Gesellschaft in Berlin errichtet wurde.«

Die neue Gesellschaft, die Union Elektrizitäts-Gesellschaft, wurde dann die Schöpferin der Mehrzahl der elektrischen Straßenbahnen in Deutschland und den benachbarten Ländern; sie wirkte bahnbrechend bei der Einführung elektrischer Kraft auf den verschiedensten Gebieten und erfreute sich eines ausgezeichneten Rufs, bis sie im Jahre 1902 mit der AEG in Berlin verschmolz.

Monatelang trug sich Wiegand nach diesem Mißerfolg mit dem Gedanken, Bremen zu verlassen und bei dem ihm befreundeten Kommerzienrat Loewe eine Stelle als Leiter einer der Fabriken zu übernehmen. *»Immer Geldadvokat zu bleiben, denke ich keines Falles«*, hieß es schon in einem Brief aus seiner Studienzeit, *»und hoffentlich habe ich die Kraft, mich zu einer anderen Stellung emporzuarbeiten!«* Am 1. April 1892 trat Wiegand als Direktor an die Spitze des Norddeutschen Lloyds. Im Jahre 1900 wurde er Generaldirektor.

Wiegand genoß als Kenner des Handels- und Seerechtes längst großes Ansehen in der Schifffahrtsbranche und war bereits ab 1889 ständiger Rechtskonsulent der Bremer Reederei.

Auch auf seinem neuen Tätigkeitsgebiet blieb Wiegand seinem Interesse für die Elektrotechnik treu. Bald nach seinem Eintritt in den Vorstand des Norddeutschen Lloyd wurden dessen Satzungen geändert und so die Möglichkeit zur Durchführung seiner Gedanken geschaffen, indem der Artikel 2 der Satzungen folgende Fassung erhielt:

»Gegenstand des Unternehmens ist der Betrieb der Schiffahrt sowie der Betrieb aller Geschäfte und Unternehmungen und die Beteiligung an solchen, welche nach dem Ermessen des Aufsichtsrats den Zwecken der Gesellschaft direkt oder indirekt dienen oder damit in Verbindung stehen.«

Wiegand leitete in den folgenden Jahren nicht nur eine Reorganisation der Flotte des Norddeutschen Lloyd ein, er wollte auch den gesamten Aufbau des Unternehmens verändern, wobei ihn der Gedanke, in Bremen ein neues Werk der Elektrotechnik entstehen zu lassen, besonders beschäftigte. Wiegand wollte »High Tech« an die Weser holen!

Anfang 1905 war Wiegand eine Erfindung einer neuartigen Elektromaschine angeboten worden, die in einer kleinen Werkstatt in Schüterof/Westf. hergestellt wurde. Glänzende Gutachten der Technischen Hochschule Hannover veranlaßten ihn dazu, dieses Patent zu erwerben und die Fabrikation nach Bremen in eine Abteilung der hier am Freihafen entstandenen Norddeutschen Maschinen- und Armaturen Fabrik zu verlegen. Wiegand schrieb dazu in seinen Erinnerungen:

»Der Grundgedanke war hier, für den Hilfsmaschinenbau für die Schiffe des Norddeutschen

Lloyd bestimmte Typen zu schaffen, welche uns für den Betrieb höchstmögliche Zuverlässigkeit und einen möglichst geringen Aufwand von Reparaturen sicherten.«

Leider erwies sich schon bald in der Praxis, daß die von Wiegand erworbene Erfindung nicht den an sie geknüpften Hoffnungen entsprach. Es wurde deshalb Ende 1905 beschlossen, den Bau dieser Spezialmaschinen aufzugeben und dafür normale Gleich- und Drehstrommaschinen und Apparate zu bauen, wie sie für Land- und Schiffsbetrieb gebraucht wurden.

Neben der Elektrotechnik begann zu dieser Zeit die Entwicklung des Automobils in den Vordergrund des Interesses zu treten. Wiegand zeigte auch für diese Neuerung größte Aufmerksamkeit.

Als einer der ersten in der Hansestadt besaß Wiegand ein Automobil – und zwar ein Elektromobil der Firma Scheele in Köln.

Ein Zufall war es, daß Anfang 1906 eine Pariser Gruppe, die »Compagnie Parisienne des Voitures Electriques« durch die Darmstädter und die Nationalbank in Berlin an Heinrich Wiegand herantrat und ihm die Gründung einer Automobilfabrik in Bremen vorschlug, die als Spezialität elektrische und benzinelektrische Automobile nach den Patenten des französischen Ingenieurs Kriéger herstellen sollte. Wiegand, der weiterhin unbeirrt den Grundsatz vertrat, daß Bremen nur dann seine großen Aufgaben auf dem Gebiet von Handel und Schiffahrt in Konkurrenz mit Hamburg und den ausländischen Häfen durchführen konnte, wenn es gelang, als weiteren Lastenträger eine hochwertige Industrie in Bremen zu entwikkeln, griff die Anregung der Pariser Gruppe auf, und so wurde am 17. Mai 1906 unter finanzieller Beteiligung der Franzosen die Norddeutsche Automobil- und Motorenwerke A. G. (»Namag«) mit einem Aktienkapital von 2,5 Millionen Mark in Bremen gegründet. Die neue Gesellschaft übernahm die elektrotechnische Abteilung der Norddeutschen Maschinen- und Armaturenfabrik und siedelte sich im Stadtteil Hastedt gegenüber dem städtischen Elektrizitätswerk an.

Gleislose Lloyd-Bahnen:

Die Namag zeigte stets dem Elektrowagen große Beachtung. Während in der Regel die Bremer Strom-Lkw den Strom aus den mitgeführten Akkumulatoren bezogen, was nur einen beschränkten Fahrbetrieb auf max. 100 km zuließ, bezog man bei den »Lloyd-Bahnen« den Betriebsstrom auf andere Weise: aus oberirdischen Drahtleitungen, ähnlich wie schon bei den elektrischen Straßenbahnen. Abweichend von dieser brauchten aber auf der Straße selbst keine besonderen Schienen verlegt zu werden. Die Lloyd-Bahnen glichen äußerlich gewöhnlichen, auf Gummi- oder Eisenreifen laufenden Automobilen. Sie waren, wenn man so will, die Vorläufer des modernen Trolley-Busses.

Lloyd 9/20 PS, mit dem der Berliner Heinz Karl Heiland im Jahre 1914 durch Indien tourte. Der Wagen wurde für diese Tour mit einem speziellen Kühler unter einer Hasag-Lichtanlage ausgerüstet.

Von den 2250 ausgegebenen Aktien hielten die Franzosen 450 Stück zu je 1000,– RM.

In den Aufsichtsrat schickten sie zwei Verteter. In die neue Firma wurde die Kriéger-Automobilgesellschaft Berlin eingebracht, die unter anderem am Kurfürstendamm eine Verkaufsniederlassung unterhielt, die in den ersten Jahren der Namag einige Verluste einbringen sollte. Die restlichen Aktien übernahmen die Darmstädter Bank Berlin und die Deutsche Nationalbank KGaA Bremen.

Auf dem benachbarten Fabrikareal wurde wenig später die Norddeutsche Waggonfabrik erbaut, die auf Anregung des Direktors Schackow von der Bremer Straßenbahn und der Firma Böker, Remscheid gegründet worden war. Damals bestand ein blühender Export von Straßenbahnwagen und Eisenbahnwaggons nach Übersee, besonders nach Südamerika.

Hiervon sollte die Bremer Waggon- und Automobilindustrie und mittelbar auch die Schiffahrt Nutzen ziehen, da die Standortorientierung Bremens für solche hochwertigen Exporte besonders günstige Aussichten bot.

Als drittes Werk der Hastedter Industriegruppe wurden die »Bremer Karosserie-Werke Louis Gärtner« mit dem Zweck, die Aufbauten für die Namag-Automobilchassis zu liefern, ins Leben gerufen.

Die Karosseriebaufirma Louis Gärtner war 1880 gegründet worden und hatte ihren Sitz bis zur Übersiedlung nach Hastedt in der Birkenstraße. Die Familie Gärtner hielt an der neuen Firma eine Minderheitsbeteiligung.

Stolz zog Heinrich Wiegand sein Fazit:

»Mit der Errichtung der Norddeutschen Automobil- und Motorenfabrik, welche in Anlehnung an die elektrotechnische Abteilung der Norddeutschen Maschinen- und Armaturenfabrik erfolgte, haben wir, wie es scheint, einen aussichtsreichen Schritt getan, um auch auf diesem Gebiete durch Qualitätsarbeit einen Vorsprung vor der Konkurrenz zu gewinnen. Die Norddeutsche Automobil- und Motorenfabrik ist wiederum die Veranlassung zur Errichtung von zwei weiteren industriellen Unternehmungen geworden, der Norddeutschen Waggonfabrik und der Bremer Karosseriefabrik, die in Gemeinschaft mit der elektrotechnischen Abteilung der Norddeutschen Maschinen- und Armaturenfabrik und der Norddeutschen Automobil- und Motorenfabrik ein neues Industrieviertel in Verbindung mit dem von dem Bremer Staate am oberen Ende des Osterdeichs errichteten Wehr geschaffen haben.«

Unter der Regie von Generaldirektor Heinrich Wiegand diversifizierte der Norddeutsche Lloyd in starkem Maße. Neben der Namag wurden u. a. in Nordenham die Norddeutschen Seekabelwerke errichtet und die Hochseefischereigesellschaft Nordsee gegründet; ein neuer Handels- und Industriehafen in Bremen-Oslebshausen entstand und die Atlaswerke sowie die Zeche Emscher Hutter wurden erworben – um nur einen Bruchteil der Erwerbungen, Beteiligungen und Gründungen zu nennen.

Wiegand nahm als stellvertretender Vorsitzender des Aufsichtsrats der Namag – trotz seiner unzähligen Verpflichtungen im Gesamtkonzern – lebhaften Anteil an der Entwicklung des Automobilwerks. Auch in Einzelfragen entschied er oft mit. Seine weitgehenden Verbindungen halfen, in Bremen ein Werk aufzubauen, für welches der Boden erst durch mühsame Anwerbung von Ingenieuren und Facharbeitern aus Süddeutschland vorbereitet werden mußte, wo damals der Automobilbau zu Hause war.

Schon nach kurzer Zeit gelang es, neben den elektrischen Fahrzeugen nach den Kriéger-Patenten einen anerkannt guten Benzinwagen auf den Markt zu bringen. Auch das Gebiet der schweren Lastwagen wurde mit Erfolg bearbeitet. Als Richtschnur hatte Wiegand dem Werk auf den Weg gegeben, daß die *»Lloydwagen«* der Namag qualitativ das Beste vom Besten darstellen mußten, *»damit sie dem Namen, den sie tragen, alle Ehre machen«*. Immerhin gehörte der Norddeutsche Lloyd zu den renommiertesten und größten Reedereien der Welt! Wer wollte sich da von einem automobilen Anhängsel das Prestige ankratzen lassen?! Die guten Beziehungen Wiegands zum damaligen Staatssekretär Kraetke des Reichspostamtes ermöglichten dem Bremer Werk die Einführung größerer Serien in der Hansestadt gebauter Elektromobile in postalischen Dienst. Aus diesen ersten Anfängen heraus entwickelte sich die spätere allgemeine Einführung der Elektromobile im Zubringerdienst der Post in den größeren Städten, die dem Bremer Werk Aufträge von vielen hundert derartiger Wagen brachte.

Im Jahre 1909 beschäftigte die Namag 300 Arbeiter, sowie 30 technische und 25 kaufmännische Angestellte. Sie fertigte in einem Jahr 130 Elektromobile, 60 Benzinwagen und 60 Schiffsmotoren. Das Areal betrug 20 000 qm, die bebaute Fläche 10 278 qm, die genutzte Fläche 8 827 qm.

Die Norddeutsche Waggonfabrik beschäftigte 100–150 Arbeiter und 12 technische und kaufmännische Beamte. Bei den Bremer Karosserie-Werken Louis Gaertner waren nach ihrem Umzug 80 Arbeiter angestellt.

Wenn der finanzielle Erfolg der Namag bis zum Beginn des Ersten Weltrkieges nicht den Erwartungen entsprach, so lag dies zum einen an den ungünstigen wirtschaftlichen Verhältnissen, in welche die Entwicklungsjahre der Lloyd-Automobilfabrik fielen, zum anderen an dem frühen und unerwarteten Tod Wiegands, durch den das junge Unternehmen einer seiner Hauptstützen beraubt wurde. Denn Wiegands Pläne des Ausbaus der Bremer Industrie, zumal auch der Automobilfertigung, stießen nicht überall auf Zustimmung. Vielfach machte man ihm heftige Vorwürfe, daß der Norddeutsche Lloyd durch seine zahlreichen Neugründungen und Beteiligungen sich zu sehr von seiner eigentlichen Aufgabe, der Schiffahrt, hatte ablenken lassen.

Heinrich Wiegand erlag, im Alter von 54 Jahren am 29. März 1914 einer Nierenkrankheit. Im gleichen Jahr zeichnete sich für die Schiffahrtsgesellschaften, aber besonders für den Norddeutschen Lloyd, eine Krise ab. Diese fiel unglücklicherweise zusammen mit Anforderungen, welche die noch im Aufbau befindliche Namag finanziell an das Mutterhaus stellte. Heinrich von Brunn, langjähriger Präsident des Verbandes der Automobilindustrie nach dem Zweiten Weltkrieg und einst enger Mitarbeiter des Hansa-Gründers Allmers, sah die Namag-Misere rückblickend so:

»Schon zur ersten Planung gehörte der Bau einer Schmiede. Das Gelände erwies sich aber für die Fundierung der schweren Schmiedepressen als ungünstig. Die Fundierungsarbeiten wurden wesentlich teurer, als man veranschlagt hatte. Fast das ganze Grundkapital wurde verbaut, bevor man noch die Fertigung aufgenommen hatte. Das Anlaufen des Betriebes mußte mit Krediten finanziert werden.

Schon zu Beginn des Jahres 1909 wurde eine erste Sanierung erforderlich. Wiegands ganze Zähigkeit gehörte dazu, um an der dem Unternehmen zu Grunde liegenden Planung festzuhalten und neue Geldgeber zu finden. Das Grundkapital wurde im Februar 1909 auf die Hälfte herabgesetzt. Gleichzeitig fand eine Erhöhung um 907 00 Mark statt. Schon im September des gleichen Jahres wurde eine neue Heraufsetzung des Grundkapitals um 1 Million notwendig, weil für Investitionen und Betrieb ein zunehmender Finanzbedarf vorlag.«

Chauffeur-Ausbildung der Namag 1911 auf Lloyd-Elektromobilen, die jetzt schon nicht mehr nach Krieger-Patenten gebaut wurden. Der Wagen links wurde bereits den Formen eines Benzinwagens nachempfunden. Die Batterien befanden sich unter der Fronthaube und unter dem Fahrersitz. Rechts ein typischer Elektrowagen. Die Fahrer dürften für werkseigene Taxi-Unternehmen ausgebildet worden sein.

Das Automobilgeschäft war stets mit vielen Risiken versehen und verlangte nicht nur technisches sondern auch kaufmännisches Geschick. Sigismund Meyer, der 1905 vom Generaldirektor des Norddeutschen Lloyd nach Bremen berufen wurde und kurz darauf die Leitung der Namag übernahm, besaß beides. Über 20 Jahre lang zählte Meyer zu den bedeutendsten Persönlichkeiten des Automobilbaus in Bremen.

Meyer, Jahrgang 1873, war gebürtiger Hannoveraner, besuchte das dortige Leibniz-Realgymnasium, studierte an den technischen Hochschulen Hannover und Zürich Maschinenbau und Elektrotechnik. Nachdem er in Zürich zum Diplom-Ingenieur promoviert wurde, betätigte er sich zehn Jahre lang in Amerika und England als Ingenieur bzw. leitender Ingenieur bei der Electric Co. und bei der British Thompson Houston Co.

1905 betraute ihn Wiegand mit der Leitung der elektrotechnischen Abteilung der Norddeutschen Maschinen- und Armaturenfabrik. Als diese Abteilung im Jahre 1906 unter der Leitung Meyers in die Norddeutsche Automobil- und Motoren A. G., Bremen, umgewandelt wurde, wurde er eines der beiden Vorstandsmitglieder der neuen Aktiengesellschaft. Er blieb es über zwei Jahrzehnte. Außer bei der Namag war Ing. Meyer Mitbegründer und Vorstandsmitglied der Norddeutschen Waggonfabrik A. G. Außerdem waren ihm die Elektromotorenfabrik, die sich mit der Fabrikation von Dynamomaschinen, Elektromotoren und Zubehörteilen befaßte und die Karosseriefabrik

Oben: Lloyd-Torpedo-Doppelphaetons werden um 1912 auf dem Hasteder Werksgelände zum Export nach Buenos Aires transportfertig gemacht. Die Chassis auf dem Tieflader dürften zu einem Karossier gegangen sein. Im Vordergrund ein Lloyd-Bus, der wohl wie die Lloyd-Subventionswagen mit einem 40 PS-Motor ausgestattet gewesen war. Rechte Seite: Am 23. Februar 1914 besucht Prinz Heinrich (mit der Mütze, die seinen Namen trägt), die Namag und läßt sich eine Lloyd-Feuerwehr, die bereits in Bremen eingesetzt wurde, zeigen.

Louis Gärtner (die in eine Aktiengesellschaft umgewandelt wurde, bei der die Namag als Hauptgesellschafter einstieg), die den Oberbau für die Namag-Wagen und Pferdewagen herstellte, unterstellt. Alle vier Fabriken waren nach einheitlichen Plänen in Hastedt aufgebaut worden und umfaßten 1908 ein Areal von 55 000 qm. Zu dieser Zeit zählte der Betrieb 500 Arbeiter und 100 Angestellte (»Beamte«).

Bis zum März 1908 hatte die Namag über 100 elektrische Wagen fertiggestellt, darunter ein Fahrzeug für den persönlichen Gebrauch des Kaisers. Die Automobilfabrikanlage bestand aus einer für die Fabrikation von jährlich 300 Wagen eingerichteten Montagehalle und Dreherei, Modelltischlerei, Schmiede und Fahrbahn zum Einfahren der Wagen. Die Elektro-Motorenfabrik war in nächster Umgebung in einer geräumigen Halle untergebracht und für eine Fabrikation von ca. 1 500 bis 2 000 Elektro-Motoren pro Jahr eingerichtet. Die Karosseriefabrik war ein großer Etagenbau, in dem sich unten die Schmiede, im ersten Stock die Stellmacherei und oben die Lackiererei befand. Die Waggon-Fabrik bestand aus einem großen Hauptgebäude, in dem die Wagen zusammengebaut wurden, und verschiedenen Nebengebäuden. Die Fabrik war zunächst mit dem Bau des gesamten Wagenparks für die Bremerhavener Straßenbahn beschäftigt, die 1909 zum elektrischen Betrieb überging. Obwohl die Produktionsanlagen der Namag zu den modernsten ihrer Art überhaupt gehörten, konnten die Fertigungskapazitäten nicht ausgelastet werden. Die Namag sah sich schließlich nach einem Partner um, der expandieren wollte. Längst schon waren die Namag-Aktionäre nicht mehr bereit hinzunehmen, daß sie Jahr für Jahr keine Dividende bekamen. Selbst acht Jahre nach der Gründung der Namag hatten sie noch keinen einzigen Pfennig gesehen.

Der gewaltige Erfolg der Hansa-Automobilwerke (Varel) bei der Internationalen Österreichischen Alpenfahrt im Jahre 1913 gab den Anstoß zu Verhandlungen bezüglich einer Vereinigung der beiden Unternehmungen, die zu einem Abschluß führten. Auf Grund dessen verlegte die Hansa Anfang 1914 ihren Sitz nach Bremen, wandelte ihren Namen in Hansa-Lloyd Werke Aktiengesellschaft um und vereinigte sich durch Fusion mit der Namag.

Werksrundgang mit einem Preußenprinzen

Zweimal war Prinz Heinrich bei der Namag zu Gast, erstmals am 21. März 1908.

»Unter Führung der Herren Direktoren Meyer und Kübler wurde das junge, aufblühende Unternehmen in allen Teilen in Augenschein genommen,« meldete damals die Bremer Presse. *»Prinz Heinrich weilte etwa 1½ Stunden in den Fabrikräumen und ließ sich von den Leitern des Unternehmens alle Einzelheiten erklären.«*

Begleitet wurde S. K. H. von dem Generaldirektor des Norddeutschen Lloyd, Dr. Wiegand und Regierungsrat a. D. Petzet.

Sechs Jahre später, exakt um 10 Uhr des 13. Februars 1914, stattete Prinz Heinrich erneut den ausgedehnten Fabrikanlagen der Namag einen Besuch ab.

Die Führung des Preußen-Prinzen übernahm Direktor Meyer und die Prokuristen der Namag, Hilger und Schütte. Zunächst wurde die Schmiede in Augenschein genommen, wo unter den Schlägen der Dampf- und Fallhämmer die wichtigsten Organe des Automobils, darunter die schweren Lastwagenachsen, ihre Form bekamen. Durch die Härterei, in welcher die verarbeiteten Teile die nötige Widerstandsfähigkeit erhielten, ging es in das Magazin, in welchem das Rohmaterial und die Ersatzteile gelagert wurden. Die »Allgemeine Automobil-Zeitung« wußte zu berichten: *»Die musterhafte Ordnung, die in dieser für eine Automobilfabrik so wichtigen Abteilung herrscht, fand die besondere Anerkennung Sr. K. Hoheit.«*

Der weitere Rundgang führte durch die Maschinenhalle, in welcher durch Automaten, Halbautomaten, Revolverbänke, Fräs-, Hobel- und Bohrmaschinen die einzelnen Rohmaterialien bearbeitet wurden mit Hilfe von Werkzeugen, die in der eigenen Werkzeugmacherei hergestellt wurden. Dem Werdegang eines Lloyd-Wagens folgend, wurden dann die Montageräume für Motoren, Steuerungen, Getriebe, Hinterachsen, Rahmen usw. besichtigt. Anschließend führte der Rundgang in die Bremsstation, wo die Leistungsprüfung der einzelnen Motoren vorgenommen wurde. Durch die Chassis-Montage, wo serienweise Luxus- und Lastwagen verschiedener Typen

Besuche in Automobilfabriken zählten zu den Lieblingsbeschäftigungen des Hohenzollern-Prinzen Heinrich von Preußen, der sich auch im Motorsport hervorzutun bemühte. (»Prinz Heinrich-Fahrt«).

Oben: Kontor der Namag um 1908. Unten: Das Konstruktionsbüro im gleichen Jahr. Während in vielen Bremer Kontors oft noch stehend gearbeitet wurde, machen die Namag-Büros einen »modernen« Eindruck.

hergestellt wurden, wurde die Fahrabteilung sowie die Abteilung für Fertigstellung der karossierten Wagen besichtigt.

Das Interesse des Prinzen Heinrich erregten hier einige Campwagen für Südamerika mit ihrem großen Bodenabstand, hohen Rädern, breiter Spurweite sowie ihren geräumigen Karosserien, die mit zahlreichen Kasten und Koffern versehen waren. Ferner einige Lastwagen der staatlich subventionierten Type, die für die Heeresverwaltung in Auftrag waren, und eine Anzahl besonders eleganter, von den Bremer Karosseriewerken karossierte Luxuswagen.

Auf dem großen Namag-Fabrikhof besichtigte Prinz Heinrich dann eine Anzahl Spezialfahrzeuge, welche die Leistungsfähigkeit des Bremer Automobilbaus unter Beweis stellten. Unter anderem wurde ein elektrischer Schleppwagen vorgeführt, der vor allem als Müllabfuhrwagen bei verschiedenen Stadtverwaltungen bereits Verwendung fand, ferner elektrische Straßenwasch- und Kehrmaschinen und schließlich als besondere Neuerung eine von der Namag patentierte schnellaufende Kolbenpumpe, die an die Bremer Feuerwehr geliefert wurde. Die »AAZ« vermerkte in ihrem Bericht: *»Die Vorzüge dieser Pumpe sind von solch besonderer Art, daß Prinz Heinrich sich eingehend darüber informieren ließ. Die angestellten Spritzversuche zeigten das einwandfreie Ansaugen, den absolut ruhigen Gang selbst bei 1000 Touren der Pumpe und die große Leistungsfähigkeit im Spritzen, indem mit einem Motor von einer Maximalleistung von 55 Pferdestärken 2000 Liter pro Minute gefördert wurden. Nach beendetem Rundgang, der eine Stunde dauerte, drückte Prinz Heinrich seine Befriedigung über das Gesehene aus und wünschte der Firma weitere Erfolge.«* (AAZ, No. 8/1914).

Exporte und Messen

Die Norddeutsche Automobil- und Motoren A. G. und die Hansa-Werke erkannten schnell die Lukrativität des Ausfuhrgeschäftes. Deshalb zeigten sowohl Allmers und Sporkhorst aus Varel als auch Namag-Direktor Meyer aus Bremen Flagge bei Automobilausstellungen in West- und Osteuropa.

Dort machten sie sich nicht nur mit dem neuesten Stand der Technik vertraut, sondern eröffneten auch eigene Ausstellungsgelände. Besonders Rußland war ein interessanter Exportmarkt. So lag es nahe, 1913 auf der bedeutsamen Internationalen Automobilausstellung in Petersburg (heute Leningrad) Wagen zu offerieren.

Die Ausstellung fand in der sogenannten Michael-Manege, sonst eine Reitbahn, im Herzen der Newa-Metropole, statt. Gezeigt wurden vornehmlich Luxuswagen, während man die Nutzfahrzeuge, Lastwagen, Autobusse, Feuerwehr- und Sanitätsfahrzeuge, Motorpflüge, usw. in Zelten vor der Halle unterbrachte.

Die deutsche Industrie war mit ihren 50 Ständen geradezu imponierend vertreten und erfreute sich dank ihrer großen Erfolge bei den russischen Kaiserpreis- und militärischen Lastwagenprüfungen in Rußland großer Sympathien. Freilich waren auch die Franzosen und Amerikaner gut eingeführt.

Auf dem Namag-Stand waren vier Luxusfahrzeuge aus Bremen zu sehen, die sich durch ihre Eleganz, Bequemlichkeit, Linienführung und Stabilität auszeichneten. Die Karosserien stammten von den »Bremer Karosseriewerken, vorm. Louis Gärtner Akt. - Ges., Bremen-Hastedt«. Im einzelnen handelte es sich um eine Limousine 10/50 PS, bei der die Fondsitze clubsesselartig ausgeführt waren. An den Seitenwänden der Vorderwand hatten die Karosseriebauer kunstvoll eingearbeitete Schränkchen eingelassen. Im Innern hatte der Wagen elektrische Beleuchtung, während die Scheinwerfer Azetylenbeleuchtung hatten.

Des weiteren war ein Landaulet 15/40 PS in limousinenartiger Form ausgestellt. Die Fenster waren in Metallrahmen gehalten. Auch in diesem Wagen war die Fondsitze in der Art von Clubsesseln mit herausziehbaren Kissen ausgearbeitet. Mahagoni-Schränkchen, in welchen sich die notwendigen Reise-Necessaires fanden, waren in der vorder- und in den Seitenwänden eingebaut.

Der Wagen verfügte über eine Dynamo-Automobilbeleuchtung.

Besonders fiel der dritte Wagen auf, eine Limousine, die in der Fachpresse wegen ihrer stabilen Bauart als »ideale Karosserie für Rußland« gepriesen wurde: *»Im Innern ist der Wagen sehr praktisch eingerichtet und bietet durch reichhaltige und besonders künstlerisch ausgeführte Schränkchen genügend Gelegenheit für die Aufbewahrung von notwendigen Reise-Necessaires. (...) Das Innere der Limousine ist mit dem Chauffeursitz durch ein Telephon verbunden. Ferner ist eine interessante Signal-Neuheit, die sogenannte Vacuphon-Hupe, angebracht.«* (AAZ, Nr. 21/1913)

Diese Hupe war am Vergaseransaugrohr angeschlossen und wurde durch Niederdrücken eines Knopfes in Tätigkeit gesetzt. Man konnte den Ton beliebig kurz oder lang ertönen lassen. Neben den drei geschlossenen Wagen fanden Besucher ferner ein Lloyd-Torpedo-Phaeton 15/40 PS vor, dessen Karosserie ebenfalls von den Bremer Karosseriewerken stammte. Die Fondsitze waren als herausziehbare Clubsessel ausgebildet. Die Notsitze hatte man im Fußboden eingebaut und verschwanden bei Nichtbenutzung in der Rückwand des Chauffeursitzes. Im ganzen bot der Wagen Sitzgelegenheit für 6 Personen.

Neben den Lloyd-Luxuswagen waren auf der Petersburger Ausstellung auch die Lloyd-Lastwagen vertreten. Der ausgestellte Lkw gehörte zur Type 50 PS. Er hatte eine Tragfähigkeit von 3,5 to und erreichte eine Stundengeschwindigkeit von 20 km/h (mit Anhänger für 2 000 kg Nutzlast). Der Antrieb erfolgte mittels kräftiger Rollenketten auf das Hinterrad.

Russische Militärs interessierten sich besonders für ein Lloyd-Spezialfahrzeug: die automobile Lloyd-Feldküche. Sie legte bis zu 50 km pro Stunde zurück. Die Bedienungsmannschaft bestand lediglich aus einem Wagenführer und einem Koch. Die mobile Feldküche war für die Verpflegung von 250 Mann bestimmt und technisch genauso eingerichtet wie die bislang üblichen pferdebespannten Infanterie-Kompanieküchen. Es konnte auch während der Fahrt gekocht werden. Der Feldküchen-Teil stammte von der Fa. Senking, Hildesheim.

Oben: Schmiede der Namag. Fahrgestelle und Aufbauten für Lloyd-Krieger-Wagen werden montiert. Im Hintergrund ein Benzinwagen. Unten: Montage von Benzinautomobilen.

HANSA
OI-920
OI-919

HANSA
Feuergeräte=Schuppen

Die Hansa Werke in Varel (Oldb.)

Noch heute ist das Gebiet des ehemaligen Großherzogtums Oldenburg in der Pferdezucht stark. Fast vergessen ist aber auch dort, daß zu Beginn des Jahrhunderts im hohen Norden des Landes, in Varel, Pferdestärken produziert wurden. Am Jadebusen existierte eine Automobilfabrik, in der richtungsweisende Wege des Automobilbaus beschritten wurden.

Als im Jahre 1905 die »Hansa-Automobil-Gesellschaft« gegründet wurde, hatte das Städtchen Varel knapp 5000 Einwohner. Daß die Einwohnerzahl 1912 auf über 8000 angewachsen war, verdankte die Stadt nur der rasanten Entwicklung der Automobilfabrik. Diese wiederum hielt nur Schritt mit dem Erstarken der Autoindustrie überhaupt. Überall in Deutschland entstanden im ersten Jahrzehnt des 20. Jahrhunderts Automobilfabriken. Die Autoindustrie war seinerzeit eine »Zukunftsindustrie« und zog die fähigsten wirtschaftlichen und technischen Köpfe an.

Den Anstoß zur Gründung der Hansa-Automobil-Gesellschaft (HAG) gab die Erfindung eines jungen Vareler Verlegers: Robert Allmers. Allmers, überzeugter Automobilist in einer Zeit, da daß Auto mehr Feinde hatte als heute angesichts der Umweltdiskussion, hatte sich mit den Unzulänglichkeiten seiner »Maurer«-, »Presto«- und »Cudell«-Wagen lange herumgeärgert. 1904 machte sich Allmers, aus Studienzeiten technisch vorbelastet, zusammen mit seinem Nachbarn und Freund August Sporkhorst an die Entwicklung eines Automobilgetriebes mit direktem Eingriff. Sporkhorst war Ingenieur, hatte an der TH Braunschweig studiert und war Teilhaber und technischer Leiter der Weberei »Taemeling und Stoeve« geworden. Während Allmers, der neben der Verlegerrolle bei seiner Tageszeitung »Der Gemeinnützige« auch noch die politische Redaktion innehatte, mehr für die ungewöhnlichen Ideen zuständig war, sorgte Sporkhorst für die konstruktive Ausführung. Er baute das Getriebe, daß 1906 unter der Nummer 193747 zum Patent zugelassen wurde, auch in Versuchsmodelle ein.

Obwohl es funktionierte, war es 1906 schon von der rasanten technischen Entwicklung des Automobilbaus überholt. Trotzdem dürfte ein Blick auf die Patentbeschreibung lohnen: *»Die vorliegende Erfindung bezieht sich auf ein Reibrädergetriebe für Motorwagen, an welchem abweichend von bekannten Einrichtungen die Zwischenscheiben auf einer gemeinsamen Welle angeordnet sind, so daß sie gleichzeitig nach allen Richtungen hin und her verschoben werden können, während für die Geschwindigkeitsänderungen ein Winkelscheibenräderpaar angeordnet ist.«* Um ihre zu jener Zeit noch nicht patentierte Erfindung ausnutzen zu können – andere Automobilfabriken hatten, wohl zurecht, kein Interesse – begannen Allmers und Sporkhorst mit fünf Arbeitern einen kleinen Versuchsbetrieb. Sie gaben dem noch bescheidenen Unternehmen die Rechtsform einer GmbH und statteten diese mit einem Kapital von 30000 Reichsmark aus.

Ähnlich wie die renommierten Autoschmieden Adler und Opel kauften auch die Vareler zunächst die Teile für ihre erste Produktion bei Fremdfirmen ein, vor allem in Belgien und Frankreich, den damals führenden Automobilnationen. Bei Hansa entstanden so, gegen den deutschen Trend, leichte Wagen mit Einzylindermotoren, die eine Marktlücke und somit guten Absatz fanden. Der Betrieb wuchs rasch. Aus der anfänglichen Bastlerwerkstatt, die noch auf dem Gelände der Allmerschen Druckerei lag, wurde bald ein ehrgeiziges Unternehmen, das sich Gedanken um eine Serienfertigung von Automobilen machte. Während noch die Montage der ersten Einzylinderwagen die fünf Arbeiter beschäftigte, waren die Leiter Allmers und Sporkhorst dabei, einen kompakten Vierzylinderwagen zu konstruieren. Bis dahin dominierten in Deutschland die schweren Vierzylindermotoren.

Als die junge Automobilmarke »Hansa« im Frühjahr 1906 den ersten kleinen Vierzylinderwagen auf der Berliner Automobilausstellung zeigte, wirkte dies geradezu sensationell und die kleine Firma wurde in der Automobilwelt mit einem Schlage berühmt. Größten Anklang fand das ausgestellte Chassis, während sich die Mehrheit der Fachleute dem Motor gegenüber skeptisch zeigte. Man glaubte nicht, daß der Wagen mit den kleinen Zylinderdimensionen einwandfrei arbeiten würde. Es dauerte nicht lange, und die Fachwelt wurde eines besseren belehrt. Hansa legte nun die Hauptkraft auf den Bau des leichten Vierzylinders. Der geschäftliche Erfolg blieb nicht aus. Längst hatte Direktor Sporkhorst seine Gesellschaftsanteile an der Textilfabrik verkauft und widmete sich nunmehr als technischer Leiter voll dem Auto-

Seite 20, oben: Werksfeuerwehr der Hansa. In der Mitte ein HAG 7/9 PS (1906–1908), rechts ein Typ A 6/16 (1909–1912), links ein Hansa 10/18 als Doppelphaeton. Unten: Vareler Automobilisten mit zwei HAG 7/9 PS, die über De Dion Einzylindermotoren mit 720 ccm, ein Dreigang-getriebe mit Direktübersetzung verfügten und eine Höchstgeschwindigkeit von 40 km/h hatten. Der Preis betrug 3 000 Mark.

mobilunternehmen, als kaufmännischer Leiter, dem bislang Allmers vorstand. Als August Sporkhorst 1907 mit einem Hansa-Vierzylinderwagen wagte, außer Konkurrenz an der Herkomerfahrt teilzunehmen, (an der in Konkurrenz nur große Wagen starten konnten) und als der kleine HAG-Wagen ebensogut die schwierige Strecke zurücklegte wie die anderen; – war der Durchbruch des kleinen Wagens endgültig entschieden.

Schon hatten auch andere Fabriken die Produktion ähnlicher Typen aufgenommen, nach und nach folgten alle und kurz vor Ausbruch des Ersten Weltkriegs beruhte bei sämtlichen Automobilfabriken der Fertigungsschwerpunkt in den leichten Vierzylinderwagen.

Für das Hansa-Werk wurden bald die Fabrikräume zu klein und man erwarb im Sommer 1907 durch Aufkauf sämtlicher Aktien das Anwesen der»Aktiengesellschaft für Maschinenbau und Eisenindustrie« in Varel, die bislang schon ein wichtiger Zulieferer für die Hansa war. Das neue Werk hatte eine Grundfläche von etwas mehr als 20 000 qm, geräumige Gebäude, große helle Shedhallen sowie eine Versuchsfahrbahn mit überhöhten Kurven.

Robert Allmers (am Steuer) in einem Hansa-Landaulet (wahrscheinlich einem A Typ A), den es mit 14, 16 und später 18 PS gab. Dieser Typ besaß einen in Varel gebauten Vierzylinder-Reihenmotor in paarweiser Anordnung, 1550 ccm, ein Dreigang-Getriebe und brachte es auf ca. 60 km/h.

An Betriebskraft standen zunächst 70 PS-Kräfte zur Verfügung, zu denen 1908 noch eine Wolfsche Heißdampflokomobile von 90 Pferdestärken hinzukam. In einer neugebauten Blockstation wurde die Dampfkraft in elektrische Energie zur Beleuchtung und Kraftübertragung umgewandelt. Sämtliche Arbeitsmaschinen wurden elektrisch angetrieben, und zwar im Gruppen- wie im Einzelantrieb. Das Hansa-Werk besaß eine eigene Stahl- und Aluminiumgießerei, eine Schmiede mit Dampfhammer, Tischlerei und Stellmacherei sowie eine modern eingerichtete Abteilung für Blechbearbeitung und Stanzsachen. Die alte Fertigungsstätte wurde für die Karossierung und die Lackiererei weiter benutzt.

Die Haupterzeugnisse der Hansa-Automobil-Gesellschaft waren neben der leichten Vierzylinder-12-PS-Type ein schweres 18 PS-Modell, die beide, so die Hansa-Werbung, *»wegen ihrer zuverlässigen und modernen Konstruktion und ihrer Geräuschlosigkeit«* verkauft wurden. Das Hauptabsatzgebiet war Deutschland, doch entwickelte sich auch bald der Export.

Daneben wurden noch ein 30 PS-Vierzylindermodell sowie kleinere Ein- und Zweizylinder gebaut. Chefkonstrukteur war der Ingenieur Otto Graber, der zuvor in Berlin gearbeitet hatte und später nach Belgien ging, wo er bei Automobiles Imperia tätig war. Zur Leitung des Unternehmens stieß auch der Bankier Franz Koppen, der Schwiegervater von Robert Allmers, von dem auch die Idee zum Markennamen »Hansa« stammte.

Die Firma dehnte sich in Varel rasant weiter aus. 1912 umfaßte der Grundbesitz schon 60 000 qm. Man beschäftigte 700 Arbeiter. Das Kapital der Gesellschaft wurde nach und nach auf 2,6 Millionen erhöht. Die Rentabilität war befriedigend; die Dividende betrug 1912 zehn Prozent.

Das Hansa-Werk verstand es, den einmal errungenen Vorsprung in der Konstruktion der leichten Wagen beizubehalten und legte den Hauptwert darauf, keine Billigautos sondern Qualitäts-Motorwagen auf den Markt zu bringen. Das Werk hatte natürlich längst den Kauf fremder Motoren aus Belgien und Frankreich aufgegeben und baute seit 1907 ausschließlich eigene Konstruktionen ein, deren Besonderheiten vielfach durch Patente und Gebrauchsgüter geschützt waren. 1910 umfaßte die Produktionspalette vier Modelle: A 14, A 16, B 20 und C 30. Als die Fabrikation der leichten Wagen gut in Fluß war, ging die Hansa dazu über, auch größere Wagen zu bauen. Vor allem waren es 36- und 45 PS-Wagen, die sich gut verkaufen ließen und nach vollständig neuen Prinzipien durchgebildet waren.

Es handelte sich um obengesteuerte Motoren, eine Bauart, welche heute wegen der kostengünstigen Herstellung und wegen höherer spezifischer Leistung durchweg praktiziert wird. Bei der Konstruktion dieser ohv-Hansa-Motoren achtete man stark darauf, die Zugänglichkeit gegenüber den früheren Konstruktionen zu erhöhen. Es wurde angestrebt, alle beweglichen Teile des ohv-Motors vollständig in das Innere der Gehäuse zu verlegen. Auf diese Weise wurde die Anordnung sämtlicher Ventile oberhalb der Zylinder erreicht, wodurch sich eine günstigere Gestaltung des Explosionsraumes erzielen ließ. Die Betätigung der Ventile erfolgte durch senkrechte, innerhalb des Zylindermantels selbst geführte, abgefederte regulierbare Stoßstangen, die durch Schwinghebel auf die Ventile wirkten. Sämtliche Schwinghebel waren auf einer Hohlwelle gelagert, wurden automatisch geölt und waren nach Zurückklappen eines Schnapphebels ohne Anwendung von Werkzeugen seitlich verschiebbar, so daß die Ventilkörbe ohne Umstände frei gelegt werden konnten. Der Zylindermantel war nun bis über diese Ventile hinauf gezogen und diente gleichzeitig der Wasserzuführung zum Kühler. Es war in organischer Weise eine vollständige Einschließung der über den Zylindern liegenden Ventile und mit ihr eine Erhöhung des Kühleffekts und der Zugänglichkeit der Ventile erreicht worden. Der Motor sah durch diese ganze Ausbildung noch glatter aus als ein ventilloser Motor, aber ohne dessen große Nachteile, Unzugänglichkeit, Überempfindlichkeit, Kompliziertheit und geringere Leistungsfähigkeit zu besitzen.

Diese Neukonstruktion wurde in zwei Hansa-Modelle eingebaut, welche erstmals auf der Internationalen Automobilausstellung in Berlin im Oktober 1911 ihre Premiere feierten: die Hansa-Wagen D 10/30 PS und E 15/45 PS. Damit waren die Vareler in dieser PS-Klasse doppelt vertreten.

Schon im März 1910 war die Hansa-Automobil-Gesellschaft mit der Reichenberger Automobil-Fabrik (RAF) in Böhmen übereingekommen, eine Interessengemeinschaft zu bilden. Hansa übernahm ins Verkaufsprogramm zusätzlich die Konstruktion der als luxuriös geltenden großen RAF-Wagen 26 und 45 PS während umgekehrt RAF die Konstruktion der leichten Hansa-Vierzylinder adoptierte. Das deutsche Automobilgeschäft wurde mit Ausnahme des Königreichs Sachsen für beide Werke von der Hansa-Automobil-Gesellschaft wahrgenommen, während das österreichische Geschäft für beide Werke in den Händen der Reichenberger Automobilfabrik lag.

Die RAF, von vornherein für den Zweck der Automobil-Erzeugung gebaut, stand zum Zeitpunkt der Bildung der Interessengemeinschaft dem Hansa-Werk an Umfang nicht nach. Sie beschäftigte 1910 ungefähr ebenso viele Arbeiter (ca. 500) und war ausgerüstet mit einem Park hochmoderner Präzisionswerkzeugmaschinen. Ihre Spezialität war die Erzeugung großer starker Wagen, über welche die Kundenzeitschrift »Hansa-Automobil-Zeitschrift« sich voll Lobes äußerte: *»Die (RAF-)Wagen sind vor allen Dingen bei höchster Stabilität leicht gebaut, also keine Gummi- und Benzinfresser. Dies ist natürlich nur möglich bei vollendeter Durchkonstruktion und bei Verwendung alleredelsten Materials. Das Gebiet um Reichenberg herum ist sehr steigungsreich und daher mag es denn auch kommen, das die RAF-Wagen als Bergsteiger ihresgleichen suchen. Die Geschmeidigkeit des Motors wird unseres Wissens nur vom Hansa-Motor erreicht; wie der Hansa-Wagen, so vermag auch der 45pferdige RAF-Wagen im Fußgängertempo mit dem großen Gang zu fahren und schleicht dabei so elegant und geräuschlos durch das Straßengewühl, daß selbst ein elektrischer Wagen nicht leiser gehen kann.«*

Die Gesellschafter der kapitalstarken Reichenberger Automobilfabrik waren unter anderem die Großindustriellen Ginzky, Baron Klinger und Baron Liebig. Letzterer ging in die Automobilgeschichte ein, als er am 16. Juli 1894 mit einem Benz-Viktoria-Wagen zur ersten grenzüberschreitenden Fernfahrt eines Automobils aufbrach und insgesamt 2 500 Kilometer (Reichenberg-Mannheim-Reims) zurücklegte.

Die Verbindung der beiden Marken RAF-Hansa lag im Zuge der Zeit. Beide Fabriken ergänzten und unterstützten einander, indem jede Firma von der anderen einige Konstruktionen übernahm, die von dieser ausprobiert waren und sich bewährt hatten. Andere Patente wurden gemeinsam ausgenutzt. Insbesondere bezog sich das auf die Hana-Patentfelge, mit der fortan sämtliche von RAF produzierten Wagen ausgerüstet wurden. Die Gesamtproduktion der beiden Werke belief sich 1910 auf ca. 520 Wagen!

Die Lizenzfertigung der RAF-Wagen in Varel wurde allerdings bald schon wieder eingestellt, da »Laurin & Klement« die RAF übernahm. Eine aussichtsreiche Geschäftsverbindung kam nicht zum Tragen. Die Hansa-Direktoren Robert Allmers und August Sporkhorst schauten sich nach neuen Gesprächspartnern um und nahmen 1913 erste Verhandlungen mit der Norddeutschen Automobil- und Motoren-Aktiengesellschaft (Namag) in Bremen auf.

1910
Interessengemeinschaft zwischen der Hansa Automobil-Gesellschaft und der Reichenberger Automobilfabrik (RAF). Gegenseitige Benutzung von Konstruktion und Patenten. Die RAF vertreibt ihre Fahrzeuge in Deutschland durch die Hansa. Die Hansa wird in Österreich-Ungarn durch die RAF vertreten.

Hansa-Ingenieur Fritz Römpler am Steuer eines Vierzylinders. Wahrscheinlich wurden die Aufnahmen auf Seite 22 und 23 zwischen 1910–1912 gemacht. Fritz Römpler war Leiter der Berliner Hansa-Niederlassung.

Vareler
Auto-Apachen.

IA·2434
IE·4685

»Das Telegramm«

Auf der Automobilausstellung in Berlin im Jahre 1911 erregte der neue Hansa-Zweisitzer »Das Telegramm« großes Aufsehen. Der Wagen war auf dem Stand der renommierten Karosseriefirma Alexis Keller, Berlin, ausgestellt. Seine Eigenart bestand darin, daß die zwei Sitze nicht, wie sonst, nebeneinander, sondern hintereinander angeordnet waren. Die Karosserie stellte gewissermaßen ein zweisitziges Doppelphaeton mit vorderen und hinteren Türen dar, das in seiner Bauart ungemein schmal war und dem, wie es in der Fachzeitschrift »Motorwagen« hieß, *»die Schnelligkeit auf dem Gesicht geschrieben steht«.*

Die einzige konstruktive Schwierigkeit für das Hansa-Chassis bestand darin, daß die Steuerung in die Mitte verlegt werden mußte. Außerdem war das seitliche Schaltsegment nebst Schalt- und Bremshebeln mehr nach der Mitte zu verlegt worden. Die »Allgemeine Automobil-Zeitung« schrieb in ihrer Ausgabe Nr. 44/1911 über die Karosserie des Hansa-»Telegramms«: *»Zu den Ausstellungsüberraschungen zählte weiter »das Telegramm« auf einem 6/16 PS Hansa (...). Der Wagen ist ein Zweisitzer, bei dem die Sitze hintereinander gelegt sind. Das Ding wirkt außerordentlich leicht und gefällig und wir halten diese Lösung des Zweisitzers für eine sehr glückliche. Warum beim Zweisitzer die breite Form mit ihrem großen Windwiderstand? Warum als Fortsetzung der breiten vorderen Partie der schwere ›Rennschwanz‹ zum Verdecken des sonst leer bleibenden Chassis? Wir sind überzeugt, daß die gute Gewichtsverteilung und das an und für sich jedenfalls ganz minimale Gewicht der Karosserie die Jahresunterhaltungskosten auf die Hälfte gegenüber einem anderen Wagen reduziert. Wir sehen in dieser Lösung des Zweisitzers den in den Unterhaltungskosten billigen Wagen der Zukunft, der berufen ist, das Motorrad zu ersetzen.«*

Hansa »Das Telegramm«, ein Zweisitzer des Berliner Karossiers Alexis Keller auf Basis des Typs A.

Linke Seite, oben: Aprilscherz von Hansa-Schlossern aus dem Jahre 1911. Unten: Die Sieger der Mitteldeutschen Preistourenfahrt: Links ein Hansa 8/20 PS (Typ C) mit Vierzylinder-Reihenmotor, separatem Viergang-Schubvorlegegetriebe und einer Spitzengeschwindigkeit von 70 km/h. Rechts ein 8/24 PS (Typ C) als Doppelphaeton in Torpedoform. Beide Hansa-Wagen des Typ C wurden 1911 oder 1912 gebaut.

Seine Königliche Hoheit gehörte nicht nur zu den regelmäßigen Besuchern des Vareler Werks, Friedrich August zählte auch zu den Stammkunden: ein halbes Dutzend Hansa-Wagen standen im privaten Fuhrpark des Oldenburger Landesherren, der froh war, im hohen Norden seines Agrarstaates ein Automobilwerk von wirtschaftlicher Bedeutung ansässig zu wissen. Zeitweilig erwarb der Großherzog sogar eine Beteiligung an dem Vareler Unternehmen.

Neben Alexis Kellner verwandte auch eine weitere renommierte Karosseriefirma in Berlin Hansa-Chassis: Erdmann & Rossi. Besonders der schmale sog. »Rennkühler« und die geneigte Lage der Hansa-Steuerung machten es möglich, diese beiden Wagenorgane geschickt und wirksam mit einem modernen Sitzaufbau zu einem eleganten wie originellen Gesamtbild zu vereinigen. Als Beispiel gilt der 18 PS Hansa-Wagen von Erdmann & Rossi.

Hoflieferant

Am Dienstag, d. 18. Juni 1912 erwarteten die Hansa-Werke in Varel wieder einmal hohen Besuch. Schon Tage vorher irrten die Stifte mit ihren Reisigbesen durch die großen Fabrikhallen, und ließen keinem Spinnengewebe eine Chance. Die Töchterchen der Direktoren übten sich im Blumenbinden und dem Aufsagen von Gedichten. All dieser Aktivismus galt Sr. Königl. Hoheit Großherzog Friedrich August von Oldenburg, der sich häufig zu zwanglosen Besuchen in »seiner« Automobilfabrik aufhielt. Nie kam er allein, sondern brachte in seinem Gefolge stets Minister und Flügeladjutanten mit. Dieses Mal galt der Besuch der Eigenheimkolonie des Werks.

Natürlich benutzte er für die Strecke Oldenburg-Varel zwei 45 PS-Hansa-Wagen. Am Eingang der Hansa-Siedlung wurde er von Direktor Robert Allmers an einer »Ehrenpforte« empfangen. Die zwei Allmers-Kinder sowie die Sporkhorst-Tochter überreichten den obligatorischen Blumenstrauß. Die Besichtigung der Ansiedlung nahm rund eine halbe Stunde in Anspruch. Der Großherzog erkundigte sich artig nach allen Einzelheiten, Preisen, Abzahlungsbedingungen und Löhnen und besichtigte ein Arbeiterhaus. Richtig lebhaftes Interesse bekundete der Großherzog aber erst beim Gespräch über die von ihm bestellten Hansawagen.

Schon der erste Wagen, den der Landesherr im Sommer 1911 ausgeliefert bekam, fand bei »seiner Hoheit« Anklang. In der ersten Novemberhälfte 1911 traf dann der zweite 15/45 PS-Wagen im großherzoglichen Fuhrpark ein – es war eine Limousine.

Schon auf der Berliner Automobilausstellung im Oktober 1911 bildete dieser Wagen eines der am meisten bewunderten und ästhetisch befriedigendsten Schaustücke. Er fiel wohltuend durch seine ungekünstelte Formgebung auf, eine Wirkung, die durch unauffällige Farben noch gehoben wurde. Geliefert wurde die Außenhaut von Alexis Kellner, Berlin. Das Chassis gehörte der Type E 45 an (15 Steuer-PS). Die Höchstgeschwindigkeit lag bei 90 km/h. Räder und Rahmen waren rot lackiert, die Karosserie dunkelblau, die oldenburgischen Landesfarben. Sämtliche Hansawagen des Großfürsten wiesen diese Zweifarbenzusammenstellung auf. Die Beschläge waren in Nickel gehalten. Abgesehen von den beiden Vordersitzen war im Innern Platz für 4 Personen, wobei zwei Fahrgäste mit Patent-Klappsitzen Vorlieb nehmen mußten. Für den Großherzog und einen Begleiter standen selbstredend im Fond zwei breitlehnige Klubsessel zur Verfügung, die in mattschwarzem Leder gepolstert waren. Auch die Wände waren mit demselben Leder ausgestattet. Zwischen den beiden Klubsesseln war der Druckknopf einer elektrischen Klingelleitung sichtbar, die zum Fahrersitz führte. Zur Kontrolle des Wagenlenkers diente ein im Fonds montierter Tachometer, während ein zweiter Geschwindigkeitsmesser im Gesichtsfeld des Chauffeurs angebracht war.

Seite 26, links: Karosserie von Erdmann & Rossi auf einen Hansa Typ A (18 PS), rechts: Kgl. Hoheit Großherzog Friedrich August von Oldenburg 1913 in seinem Hansa-Wagen. Links: Der Großherzog von Oldenburg mit (von links nach rechts) Allmers, der Bürgermeister von Varel, Allmers Schwiegervater Koppen, der Mitbesitzer war, ein Hansa-Ingenieur, Allmers Schwager Koppen und August Sporkhorst.

Aufwendig war die Beleuchtungsanlage des großherzoglichen Wagens. Zur Streckenausleuchtung bei nächtlichen Überlandfahrten dienten zwei mächtige, mit Autogas gespeiste Schmitt'sche Scheinwerfer, die mit silbernen Kronen verziert waren. Als Stadtlampen konnten zwei in die Kopfhöhe des Chauffeurs am Wagenkasten befestigte achteckige Prunklampen verwandt werden. Daß der Großherzog mit den Erzeugnissen der Hansa zufrieden war, zeigte sich darin, daß er in knapp 18 Monaten nicht weniger als fünf Hansa-Wagen orderte: im Mai 1910 für die Großherzogin ein A 18-Landaulet; am 23. August 1911 einen Küchen- und Gepäckwagen der D 30-Type und gleichzeitig am selben Tag ein großes E 45-Sportdoppelphaeton, denen sich die obig beschriebene E 45-Limousine zugesellte. Erzielten Hansa-Wagen einmal einen Sieg bei einem motorsportlichen Wettbewerb, versäumte er es nie, ein Anerkennungstelegramm loszuschicken: *»Spreche Ihnen meine besondere Freude zu neuem Erfolg aus. Friedrich August.«*

Von großem Vorteil war für die Hansa auch, daß der Großherzog allen Hansa-Wagen ein von seinem Staatsministerium abgesegnetes Typenzeugnis mit auf den Weg gab, was den Erwerbern eines Hansa-Wagens lange Jahre hindurch umständliche wie kostspielige Prüfungen durch die Steuer- und Polizeibehörden ersparte. Später allerdings wurde das entsprechende Genehmigungsverfahren allgemein eingeführt. Zwischen Allmers und dem Großherzog entstanden freundschaftliche wie geschäftliche Bande. So beteiligte sich der Großherzog an dem Unternehmen, bevor es 1921 wieder als selbständiger Betrieb neben den Bremer Hansa-Lloyd-Werken geführt wurde. Laut dem Allmers-Biographen v. Brunn sah sich der Großherzog aber *»im Zuge der fortschreitenden Inflation (...) gezwungen, sich auf seinen angestammten Besitz zu konzentrieren«* und verkaufte die Beteiligung wieder.

Hansa-Signet

Durch das neue Automobilgesetz vom 3. Mai 1909 wurden behördliche Fahrprüfungen obligatorisch. Die Hansa Automobilwerke gingen allen deutschen Automobilherstellern voran und errichteten eine eigene Schule mit Hörsaal und Versuchswerkstätte. Hier hatten Herrenfahrer wie Chauffeure (und vereinzelt auch Damen am Steuer) in ein- bis vierwöchigen Kursen Gelegenheit, sich auf Hansa-Wagen ausbilden zu lassen.

Die Hansa-Automobilführer-Schule

Mit einer Auflage von 5 000 Exemplaren brachte die Hansa-Automobil-Gesellschaft die Ankündigung über ihren ersten »Lehrkursus für Herrenfahrer und Ärzte« an den Mann. Im Fettdruck lud man auf Seite 2 der »Hansa-Automobil-Rundschau« (April/1920) Interessenten zu *»theoretischen Vortägen mit Lichtbildern und praktischen Unterweisungen und zwar über Automobile im allgemeinen sowie auch über das Fabrikat Hansa im besonderen.«* Die Unterweisungen wurden kostenlos erteilt, doch erhob man von jedem Teilnehmer den Betrag von 15 Mark, der *»nach Abzug etwa entstandener besonderer Unkosten unseren Angestellten bzw. einer Wohlfahrts-Einrichtung zugute kommen soll«.* Ausdrücklich vermerkte die Hansa-Geschäftsleitung: *»Die Entrichtung von Trinkgeldern an Angestellte wünschen wir nicht«.*

Als sich die ersten Teilnehmer in der Zeit vom 6.–10. April 1910 zum Lehrkursus in Varel einfanden, hatten sie Gelegenheit, im Hansa-Werk die Entstehung und innere Konstruktion der einzelnen Fahrzeugteile *(»Organe«)* zu sehen und praktische Montageübungen vorzunehmen. Verbunden damit waren Fahrübungen im Freien. Die Vorträge und Unterweisungen waren so gehalten, daß sowohl Anfänger als auch schon geübte Fahrer Nutzen davon hatten.

Nachdem der erste Hansa-Lehrkursus für Herrenfahrer mit Beteiligung von 25 Personen (alle durchweg männlichen Geschlechts) stattgefunden und auch für die Hansa einen befriedigenden Verlauf genommen hatte, wurde sogleich der II. Lehrkursus angesetzt: *»Die neue Verordnung des Bundesrats über den Verkehr mit Kraftfahrzeugen fordert von dem Automobilisten, der den Führerschein erwerben will, den Nachweis, daß er einen Kursus in einer Chauffeurschule oder einer Automobilfabrik durchgemacht hat«.* Fortan wurden derartige Kurse zu einer ständigen Einrichtung, wobei die Unterweisung ab sofort kostenlos für Besitzer von Hansa-Wagen oder Besteller derselben erteilt wurden. Nach Beendigung der Lehrkurse erhielten die Teilnehmer behördlich beglaubigte Atteste über die Teilnahme. Außerdem arrangierte die Hansa offizielle *»Führerprüfungen«*, die von der zuständigen Behörde, in diesem Fall der Gewerbeinspektion Oldenburg, auf dem Werksgelände abgehalten wurden. Die erteilten Führerscheine besaßen Gültigkeit in ganz Deutschland. O-Ton Hansa-Automobil-Gesellschaft: *»Die gelegentlich des ersten Lehrkurses am 9. April veranstaltete behördliche Prüfung bestanden sämtliche Herren glatt«.* Wie hätte es auch anders sein sollen? Bei den ersten Lehrkursen zeigte die ganze Spitze des Hansa-Werkes Flagge und beantwortete die Fragen der Teilnehmer. Sowohl die Direktoren Sporkhorst und Allmers, Oberingenieur Stern

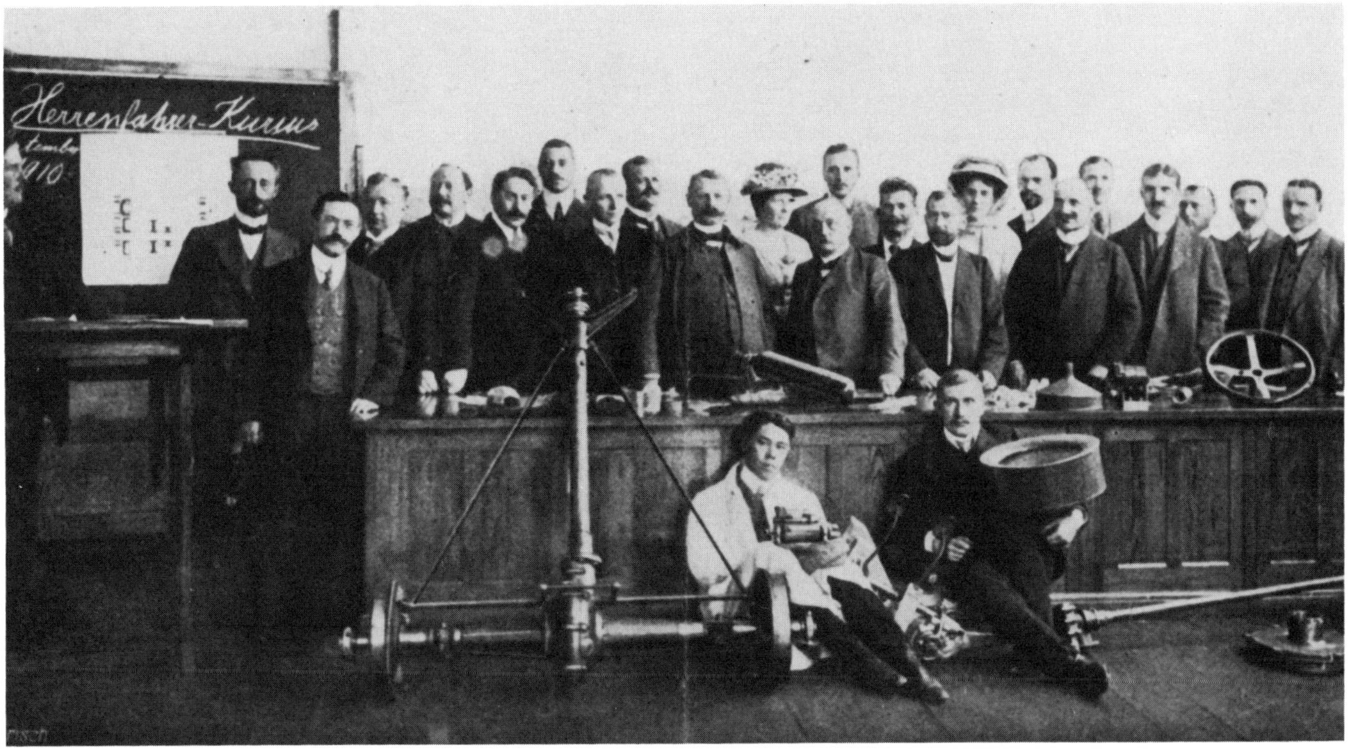

Seite 28: Abschlußfoto des Herrenfahrerkursus von 1911. Oben: Kursus für Herrenfahrer 1910, ganz links Robert Allmers. Der zweite von rechts ist der bedeutende Ingenieur Nathan S. Stern, der von Adler zu Hansa gekommen war und u. a. den Hansa 6/18 PS Wagen sowie zahlreiche Motoren konstruierte. Er verließ die Hansa-Werke 1915 und arbeitete später beim Kolbenhersteller Teves.

als auch die Meister Geyer und Kuck versuchten auf diese Weise – mit hanseatischem Understatement – die Vorzüge ihrer Fahrzeuge zu vermitteln und neue Kunden zu gewinnen.

Die Teilnehmer hatten während der ganzen Kurstage Gelegenheit in allen Teilen der Fabrik sich umzusehen.

»Keine verschlossenen Türen und verbotenen Eingänge hinderten irgend jemand, sich in jedem Augenblick über irgend eine Einzelheit zu orientieren, über die ihm etwa ein Zweifel aufgestiegen war, oder die er bei einer früheren Gelegenheit sich anzusehen versäumt hatte. Jeder einzelne Arbeiter unterbrach, wenn man an ihn herantrat, mit größter Liebenswürdigkeit die Arbeit, um dem Fragenden Auskunft zu geben, ihm seine Arbeitsmaschine zu zeigen, oder das genaue Ineinanderfügen des Teiles klar zu machen, mit dem er gerade beschäftigt war« – so berichtete etwa Dr. H. Engelken jun. aus Gardelegen am 1. Mai 1910 über seine Teilnahme am ersten Führerkurs. An zwei Tagen wurden die Abende durch Lichtbildervorträge des Dessauer San.-Rats Dr. Metzner ausgefüllt, der als langjähriger Automobilist von den Anfängen des Motorsports launig zu erzählen pflegte und es dabei auch verstand, die *»Fortschritte des modernen Automobils in das hellste Licht«* treten zu lassen.

Klagen kamen von Seiten der Teilnehmer nur über die oft bescheidene Unterbringung in den Vareler Hotels und Gasthäusern auf. Viele Teilnehmer kamen offensichtlich mit zu hohen Ansprüchen in das kleine Städtchen.

Abgerundet wurden die Lehrkurse der Hansa-Werke durch eine »Fahrt in Automobilen« nach Wilhelmshaven zur Besichtigung der dortigen Kaiserlichen Werft, eine Fahrt zum Zwischenahner Meer sowie einem gemeinsamen Festessen am Abend des letzten Kurstages. Nachdem die ersten Kurse so erfolgreich und gut gebucht verliefen, schufen die Hansa-Werke im August 1910 einen Neubau fur ihre Automobilführerschule. Als Lehrkräfte wurden theoretisch und praktisch erfahrene Fachleute eingestellt. Von großem Vorteil waren die Lehrkurse für all diejenigen, die bereits einen Hansa-Wagen besaßen und sich in der Behebung von Pannen unterweisen lassen wollten. Schließlich gab es kein enges Werkstättennetz und im Zweifelsfall mußte man sich selbst behelfen können, wenn wieder einmal die Zündung ausfiel. Es wurde bei den Kursen aber vor allem gelehrt, wie man den Wagen schonen sollte. Übrigens: Ab Januar 1911 kündigten die Hansa-Werke die Lehrkurse ihrer Automobilführerschule als »Herrenfahrer- und Damenkurse« an. Der Automobilismus war keine ausschließliche Domäne des maskulinen Geschlechts mehr, wenngleich die Dame am Steuer erst in den 20er Jahren zu einer allgegenwärtigen Erscheinung auf den Straßen wurde.

Im März 1910 begann die Hansa Automobilgesellschaft mit der Herausgabe einer eigenen Kundenzeitschrift, die nicht nur anspruchsvoll aufgemacht war, sondern sich auch über die Belange des Hansa-Werks und der Hansa-Fahrer hinaus als automobilistisches Sprachrohr überhaupt verstand. Mit oft drastischen Worten verurteilte die Schriftleitung die ständigen Polizeischikanen gegenüber Autofahrern und ungerechte Besteuerungen. Von großem Reiz für den heutigen Leser sind auch die zahlreichen Reisebeschreibungen der Hansa-Fahrer – liebevolle Berichte aus einer Zeit, wo Zusammenstöße mit Pferdefuhrwerken und steinewerfenden Dorfbewohnern noch zum automobilistischen Alltag gehörten.

Die Hansa-Automobil-Rundschau

Die »Hansa-Automobil-Rundschau« war keine Automobil-Fachzeitschrift, sondern diente den Informationsinteressen der Hansa-Fahrer. Diese wurden über Neuerungen des Hansa-Werks auf dem Laufenden gehalten, auf die Fahrkurse der Hansa hingewiesen und erhielten praktische Winke im Umgang mit ihren Motorwagen aus Vareler Produktion. Zudem bekamen die Leser Gelegenheit, über ihre interessanten Erlebnisse auf Reisen mit dem Hansa-Wagen zu berichten – in Wort und Bild. Themen waren etwa *»Eine kriegsmäßige Ballonverfolgung durch Autombile«* oder eine Story über eine *»Hochzeitsreise durch den Harz«* auf Hansa.

Stets forderte die Schriftleitung »Freie Fahrt für das Automobil« (No. 1/1910): *»Der Siegeslauf des Automobilismus hat begonnen, niemand wird ihn aufhalten können. Die Geschichte des Verkehrs lehrt, daß die Menge sich jeder neuen technischen Errungenschaft zuerst feindlich entgegengestellt hat. Diese Tatsache, die in dem Trägheitsgesetz des menschlichen Gehirns begründet liegt, erklärt es auch, daß ganze Schichten der Bevölkerung sich dem Motorwagen direkt aggressiv gegenüberstellen. (...) Schon heute ist das Automobil nicht mehr das Vorrecht der reichen Klassen, sondern ein für alle Erwerbszweige und -zwecke äußerst nützliches Verkehrsmittel. Eine neue Zeit teilt neue Gaben aus, sie stellt aber auch neue Forderungen, und so ist es auch ihr Recht, freie Bahn für das Auto zu verlangen. (...) In Wirklichkeit sieht es ganz anders aus: immer neue Klagen werden laut über boshafte Attentate auf Automobile, wodurch nicht bloß die Insassen des Wagens, sondern auch die Passanten oft in große Lebensgefahr geraten. Auch der Fuhrwerksverkehr bedarf einer durchgreifenden Regelung. (...)«.*

Vielseitig war in der Hansa-Kundenzeitung die Information. So berichtete das Blatt ausführlich über die Erkennungszeichen der Kraftwagen des Kaisers und der kaiserlichen Prinzen. Besonders engagiert zog die Hansa-Automobil-Rundschau gegen neue Schikanen gegen das Automobil zu Felde. Etwa im April 1912, als das Herzogtum Gotha eine Automobil-Sonderbesteuerung einführte. In ganzseitigen Aufrufen forderte die Schriftleitung zusammen mit dem Präsidium des Allg. Deutschen Automobil-Clubs: *»Kraftfahrer, meidet das Herzogtum Gotha! Berührt auf Euren Fahrten das leicht zu umfahrende Herzogtum nicht! Wenn der Eintritt in das Land nicht zu umgehen ist, so nehmt keinen Aufenthalt, verzehrt nichts, betätigt keine Einkäufe. Wählt keine Sommerfrische, keinen Kurort, keinen Wintersportplatz im Herzogtum Gotha und veranlaßt Freunde und Bekannte mit ihren Familien zu gleichem Vorgehen.«* Tatsächlich wurden derlei Aufrufe, die auch von anderen Automobilherstellern ausgingen, im ganzen Reich beachtet. Die Automobilisten begnügten sich nicht nur damit, daß Gothaische Land zu boykottieren, indem sie es mieden, sondern sie versuchten auch, daß ganze Wirtschaftsleben Gothas zu schädigen. Wegen der Heranziehung der Autos zur Chausseegelderhebung wurden selbst die Bezüge von Gothaer Wurst durch die Betriebskantinen und -angehörigen eingestellt. So teilte eine große Aktiengesellschaft der Automobilbranche einer Gothaer Wurstwarenfabrik mit, daß sie von ihr für ihr Konsumgeschäft so lange keine Wurst mehr beziehen würde, bis nicht das Chausseegeld aufgehoben wäre. Allerdings waren Repressalien dieser Art der stürmischen Gothaischen Regierung lange Zeit – wurscht. Regelmäßig berichtete die Hansa-Rundschau über die Treffen und Aktivitäten des Hansa-Chauffeur-Vereins. Mitglieder konnten zunächst nur Chauffeure sein, die bei der Automobilführerschule der Hansa an einem Kursus teilgenommen hatten. Später wurde dieser Passus geändert: *»Ordentliche Mitglieder können alle unbescholtenen Personen werden, die im Besitze eines gesetzlich gültigen Führerscheines sind.«*

Eine hitzige Debatte gab es im übrigen in der Hansa-Automobil-Rundschau über die Bezeichnungen »Kraftwagenführer« oder »Chauffeur«. In weiten Kreisen der Chauffeure herrschte seinerzeit große Abneigung gegen diese Bezeichnung, weil es im Volksmund falsch gesprochen und »Schaffäre« falsch gedeutet wurde. Im »Moléschen Wörterbuch der französischen und deutschen Sprache (Verlag von Georg Westermann, Braunschweig 1983) fand man als »Eselsbrücke« folgendes:

*»**Chauffeur**, Blasebalgzieher, Ofenheizer, Heizbursche, Räuber und Mörder.«* Ähnlich stand es auch im »Deutsch-französischen Handwörterbuch« von Dr. Schmidt (Verlag von Philipp Reclam jun., Leipzig): *»**Chauffeur**, Einheizer, Blasebalgzieher, Unterschürer; Räuber, welcher glühende Kohlen unter die Füße der Leute legt, um Geld zu erpressen.«*

Tatsächlich war in Frankreich einst das Wort »Chauffeur« ein Signal des Schreckens und Entsetzens. Die »Hansa-Automobil-Rundschau«: *»Die Mordbrennerbanden, die die Unruhen des Krieges, die Schwäche der Behörden und die Wehrlosigkeit der Landbevölkerung ausnutzten, um französische Provinzen mit Raub, Mord und furchtbaren Greueltaten zu überziehen, wurden »Chauffeurs« genannt, und ihr Name genügte, um die Bewohner abgelegener Schlösser oder Güter in namenlosem Entsetzen zittern zu lassen.«* (Nr. 26/1912). Auf diesem Hintergrund war es nicht verwunderlich, daß auch die Hansa dem Wort »Kraftwagenführer« den Vorzug gab und nicht mehr »Chauffeur«, den Spitznamen für Mordbrenner, für opportun hielt. Man wollte allerdings das französische Wort nicht sofort in die Verbannung schikken, sondern glaubte, daß mit der Zeit (ebenso wie aus den »Velozipedisten« und »Bicyclisten« Radfahrer wurden) auch die Chauffeure zu dem werden sollten was sie waren – Kraftwagenführer.

»Wenn einer eine Reise tut, so kann er was erzählen« – und wenn Hansa-Fahrer Reisen machten und dabei keinen kapitalen Motorschaden oder Achsenbruch verzeichneten, so kam es oft vor, daß sie dankbar des Vareler Werks gedachten und ihm Postkartengrüße sandten. Im Laufe der Zeit wurde davon eine stattliche Anzahl in der »Hansa-Automobil-Rundschau« reproduziert. Später wurden sie in einem Büchlein »Durch die Welt im Hansawagen« gesammelt herausgegeben. Hansa-Werbung: *»Die Ausstattung des Buches ist sehr elegant, so daß es dem Büchertisch des Sportmannes, dem Salontisch der Sportlady zur Zierde gereicht.«*

Das erste Bild zeigte – wie hätte es anders sein können – natürlich den Großherzog von Oldenburg in einem seiner sechs Hansawagen, dann folgten in bunter Reihe Postkarten aus aller Welt. Sie sollten den Leser dazu animieren, im Geiste eine Reise per Hansa-Wagen zu machen, von den Gletschern der Alpen hinab ins sonnige Italien, vom Kap Skagen, der nördlichsten Spitze des Kontinents, zu flamencotanzenden Spanierinnen. Das Buch wurde allen Hansa-Fahrern und -Interessenten auf Wunsch gratis zugesandt. Das galt ebenso für die Broschüren *»Urteile über den Hansa-Wagen aus Sport- und Berufskreisen«* und *»Der Hansa-Wagen im Dienst der Ärzte«*.

Die Mediziner, vor allem Landärzte, gehörten zur bevorzugten Klientel der Hansa-Werke. Ihnen galten viele Beiträge in der Hansa-Rundschau: oft kamen sie auch selbst zu Wort – etwa in Forschungs-Berichten über die Lehrkurse der Hansa-Automobil-Gesellschaft speziell für Ärzte oder über ihre automobilistische Praxis. So schrieb der Kreuzburger Kreistierarzt Dr. Pflanz in der Nr. 5/1910 der Hansa-Automobil-Rundschau: *»Wenn man jahrelang die Freuden der Pferdehaltung bei einer ausgedehnten Praxis gekostet hat (ich mußte ständig 4–5 Pferde mit 2 Kutschern halten), so bekommt man bei aller Passion für Pferde doch die ewigen Scherereien mit lahmen und übermüdeten Tieren mit der Zeit herzlich satt. Da ich in meinem jetzigen Wirkungskreis nun überdies fast nach allen Orten Chausseeverbindung habe, so war für mich die Anschaffung eines Gefährtes, mit dem man ohne Rücksicht auf die Länge der Tour noch dazu etwa die Hälfte der Zeit ersparen konnte, natürlich sehr verlockend. (...) Nun, mein Hansa-Wagen hat mich nicht enttäuscht, er hat bis jetzt 23 000 km in 11 Monaten zurückgelegt ohne eine nennenswerte Reparatur.* Zusammen mit der »Kraftfahrer-Vereinigung deutscher Ärzte« forderte die Hansa *»Erleichterung für die Verwendung von Kraftfahrzeugen in der Ausübung ihres Berufes«*, sprich: teilweise Befreiung von der Kfz-Steuer. Dies war in Österreich schon lange der Fall. Bei so viel Verständnis für die Anliegen der Ärzteschaft revanchierten sich dieselben artig mit Lobeshymnen über ihre Hansa-Wagen, welche regelmäßig unter der Rubrik »Aus unserer Zeugnismappe« veröffentlicht wurden.

Bester Jugendstil prägte die Hansa-Automobil-Rundschau in Typographie und Gestaltung

Um 1910 wußten die Hansa-Werke nicht mehr, wie sie ihren steigenden Bedarf an Arbeitskräften decken sollten. Man überlegte, wie qualifizierte Kräfte aus den Großstädten in den abgelegenen Norden geholt werden könnten. Schließlich kamen Robert Allmers und sein Geschäftspartner August Sporkhorst überein, neuem Personal einen Anreiz zum Ortswechsel mit ordentlichen Unterkünften zu bieten. Nicht kasernenmäßig wollten die Hansa-Werke ihre Mitarbeiter einpferchen, sondern in Eigenheimen im englischen Landhausstil unterbringen.

Die Eigenheimsiedlung der Hansa-Werke

Die Hansa-Werke in Varel machten eine außerordentlich schnelle Entwicklung durch. Mit dem schnellen Wachsen des Hansa-Werkes, mit der ständig zunehmenden Zahl von Arbeitern, entstand jedoch Wohnungsnot und somit eine Wohnungsfrage. Zwar wurde von privater Seite gebaut, auf dem Tweehörn und dem Langendamm entstanden zahlreiche neue Häuser, aber die Nachfrage war viel größer als das Angebot. Die Folge war ein Steigen der Mieten und viel zu hohe Preise für minderwertige alte Wohnungen. In dieser Situation entschloß sich die Leitung der Automobilfabrik notgedrungen die Sache selbst in die Hand zu nehmen. Sie kaufte an der Hafenstraße ein größeres Terrain und begann nach einheitlichen Grundsätzen mit der Einrichtung einer Eigenheimkolonie für ihre Arbeiter. Das Bauland war landschaftlich reizvoll gelegen. Der höchste Punkt war an der Hafenstraße, von da senkte es sich im sanftem Gefälle nach Norden zu. Über saftige Wiesen, die

von kräftigen Baumgruppen unterbrochen wurden, konnte man bei gutem Wetter bis nach Wilhelmshaven blicken, wo die Türme und Molen des Reichskriegshafens die hohen Seedeiche überragten.

Vom Hansa-Werk war die Eigenheim-Siedlung nicht weit entfernt. In 7–8 Minuten konnte man den Weg per pedes auf festen Straßen zurücklegen. Kein Arbeiter, wie in den Großstädten üblich, mußte zu seiner Arbeitsstätte mittels Straßen- oder Eisenbahn »pendeln«, was Zeit sparte und zudem den schmalen Geldbeutel der Arbeiter schonte.

Die Hansa-Werke beauftragten den Architekten Richard Schellenberger mit der Projektierung. Er baute keine billigen Mietskasernen, sondern legte von vornherein Wert darauf, nach englischem Vorbild der Gartenstädte wenn auch kleine, so doch modern konzipierte Landhäuser zu errichten. Die Reihen- und Einzelhäuser der Hansa-Siedlung waren nicht uniform, sondern hatten alle ihre freundliche Eigenart. – Es gab keinen Mieter in der »Kolonie«. Die Arbeiter hatten ihre Häuser als Eigentum.

Die durch die Siedlung führende neu angelegte Straße ging nicht schnurgerade, sondern in sanftem Bogen nach dem in der Mitte gelegenen Platz, der als Kinderspielplatz gedacht war. Sämtliche Häuser erhielten Gasanschluß, später auch eine Wasserleitung. Zunächst wurden 60 Einfamilienhäuser gebaut, im Anschluß folgten 40 weitere.

Die Häuser wurden vor allen Dingen von Arbeitern gern bezogen, die aus der Großstadt kamen und dort das Wohnungselend kennen gelernt hatten. Originalton Hansa-Werke: *»(Die Arbeiter) wissen ganz besonders die Annehmlichkeiten des Wohnens hier zu schätzen, sie ganz besonders fühlen sich wohl und freuen sich, daß sie nach Varel gekommen sind und ein eigenes Heim beziehen konnten, in welchem es keine Schereien mit Nachbarn, keine Verhandlungen mit Hausherren, keine Mietsteigerung gibt, in welchem ihre Kinder, die von der Großstadtluft erzeugten bleichen Backen verlieren und zu gesunden kräftigen Menschen heranwachsen können. Welcher Vorteil auch gegenüber den Großstadtwohnungen!«*

Tatsächlich bestand etwa in Groß-Berlin zur damaligen Zeit rund ein Drittel aller Wohnungen nur aus einem Raum oder einem Zimmer mit Küche. Eine Dreizimmerwohnung, wie sie zahlreichen Hansa-Arbeitern zur Verfügung stand, hatte in Berlin noch nicht einmal der Mittelstand. Die Folge der Wohnungspolitik der Hansa-Werke war denn auch, daß qualifizierte gelernte Arbeiter aus der Großstadt gern in das abgelegene Varel zogen und dort blieben. Arbeitsvertrag und Wohnungsvertrag standen übrigens in keinem Zusammenhang. Der Wohnungsvertrag war so gefaßt, daß die Arbeiter als Besitzer der Eigenheime nicht in eine vollkommen abhängige Situation zum Werk gerieten.

Die Errichtung der Hansa-Eigenheimkolonie wurde wesentlich erleichtert durch den Oldenburgischen Staat. Derselbe gab bis zu ¾ des Baugeldes unter günstigen Bedingungen. Diese erste Hypothek wurde mit 4% verzinst, wovon

Ein Hansa -Arbeiter schreibt über den Vorteil, den er darin sieht, Eigenheimbesitzer und nicht mehr Mieter zu sein. Deutlich werden zugleich die Arbeitsbedingungen zu jener Zeit.

Ich lebte längere Jahre in einer größeren Fabrikstadt Bayerns, war in der Kugellagerfabrikation tätig, die Verhältnisse, auch der Lohn waren im allgemeinen gut und trotzdem fühlte ich mich nicht wohl. Mein Beruf bringt viele Strapazen mit sich und strengt nicht wenig an. Als Härter muß man fortwährend mit Feuer und Hitze und umgehen. Nun kommt man müde und schweißtriefend abends nach Haus, um sich etwas zu erholen, aber statt Erholung da gibt es Ärger mit der Mietswohnung, alle Augenblicke

1% zur Abtragung des Darlehens diente. Der Arbeiter zahlte de facto also nur 3%. Das letzte Viertel des Baugeldes gab das Hansa-Werk. Dieses zahlte ferner eine Beihilfe von 1% der der gesamten Bau- und Grunderwerbskosten, welches ebenfalls zur Abtragung (Amortisation) diente. Für einen Teil der Gebäude hatte auch die Stadt Varel *»in Anerkennung der großen wirtschaftlichen Bedeutung der Hansa-Werke«* Gelder zu Beleihungszwecken bereit gestellt. Der Arbeiter selbst mußte zu Abtragungszwecken mindestens eine Woche wöchentlich geben, doch konnte bei Krankheit und dergleichen vorübergehend davon Abstand genommen werden.

Die Rechnung sah folgendermaßen aus: Kostete beispielsweise ein Haus der Hansa-Siedlung mit Grund und Boden etwa 5 000 MK., so mußte der Arbeiter zahlen:

4% Zinsen von 5 000.— Mk.	200.— Mk.
1 Mk. wöchentlich	52.— Mk.
	252.— Mk.

Dem Arbeiter wurde zu Amortisationszwecken gutgeschrieben:

	252.— Mk.
1) Sein eigener Beitrag von 1.— Mk. wöchentlich	52.— Mk.
2) 1% vom Staatsgeld = 1% von 3 750.— Mk.	37.50 Mk.
3) 1% der Gesamtkosten als Beihilfe des Hansawerkes	50.— Mk.
	139.50 Mk.
Rest:	112.50 Mk.

kommt der Hausherr und hat dies und jenes zu beanstanden. Da entschloß ich mich, meine Stellung einmal zu wechseln und weiter in die Welt zu gehen, zumal mir auch die Fabrikation von Kugeln und das Kugellagerhärten recht eintönig erschienen. Ich nahm deshalb eine Stellung nach dem Norden bei den Hansa-Werken in Varel an.
Es nahte nun also der Abschied auf mehrere Monate, da ich meine Familie noch nicht gleich mitnehmen konnte. In Varel bekam ich erst eine Mietswohnung, aber sie war weit ab und ich mußte 20 Minuten mit dem Rade fahren und das ist nach harter Arbeit etwas viel.
Meinem Berufe nach war ich wieder in der Härtereiabteilung tätig. Es ist kein angenehmes Gefühl, wenn man den Tag über in einem Raume arbeitet, in welchem 60–70° Wärme sind und dann bei Arbeitsschluß aufs Rad steigen muß und bei Wind und Wetter 20 Minuten lang fahren muß.
Da machte mir meine Firma das Anerbieten, mir ein Haus zu bauen in der neuen Ansiedlung. Das war nun gerade das, was ich schon lange gewünscht hatte. Ich besprach alles mit dem Architekten, der einen schönen Plan machte und auch meine kleinen Wünsche berücksichtigte. An dem Plan wurden nur noch kleine Änderungen vorgenommen. Als dies geschehen und ich die Sache für gut befunden hatte, wurde mit dem Bau begonnen.
Der Baumeister hat in kurzer Zeit den Bau fix und fertig gestellt, so daß ich schon am 1. Mai mein eigen Heim beziehen konnte.
Das war trotz des schlechten Wetters, das ich beim Umzug hatte, doch ein glücklicher Tag, den ich nie vergesse. Aus dem Mietshaus in das eigene Heim!

(weiter S. 34)

Seite 32: Die Kolonie im Bau (ca. 1910), Oben: Die Kolonie ist bezogen, die ersten Bäume sind gepflanzt. Aber selbst in der Autostadt Varel sind vor dem Ersten Weltkrieg die meisten Straßen nicht gepflastert. Unten: Das Haus von Robert Allmers.

Das neue Haus ist so recht praktisch und wohnlich eingerichtet, Stube, Kammer und große Wohnküche, Keller, Abort. Auch für Stallung ist gesorgt. Oben ließ ich mir noch zwei Zimmer einrichten, habe dann auch noch verschiedene Räume frei für Futter und Holz. Es ist alles schön eingerichtet, man kann seine Freude daran haben.
Ich habe aber nicht nur ein Haus, sondern auch einen großen Garten beim Haus. Da kann ich jede Viertelstunde gut ausnutzen und ich verweile so abends nach Arbeitsschluß noch stundenlang im Garten. Das ist für mich eine rechte Erholung in der schönen, frischen Luft, an der es gerade mir den ganzen Tag durch mangelt.
Diese Haus- und Gartenarbeit macht mit viel Freude, da sie sich ja auch gut lohnen tut. Die Früchte, wie Kartoffeln, Bohnen, Salat, Kohl und noch vieles andere wachsen herrlich und versprechen eine gute Ernte.
Auch schaffte ich mir einige Ziegen an, Kaninchen und Hühner, und sobald die Kartoffeln eingeerntet sind, kaufe ich mir auch ein kleines Schwein und füttere es fett, so daß ich auch was zu schlachten habe.
Aber Frau und Kinder haben den größten Genuß von alledem, was das eigene Heim in sich birgt. Es steht ihnen nichts im Wege. Das alles kann sich nur der leisten, der sein eigenes Haus hat mit etwas Garten. Wie bei mir sieht es auch bei den anderen Ansiedlern aus, auch diese freuen sich, daß sie endlich von der Knechtschaft des Vermieters befreit sind.
Der Weg zur Fabrik ist nicht weit.
Wir betrachten unser eigen Heim als eine Sparbüchse, denn die Zahlung ist ja so leicht gemacht, daß selbst der geringste Arbeiter mit wenig Verdienst sie bestreiten kann. Man braucht wöchentlich nur einige Mark zu zahlen. So trägt sich das Kapital im Laufe der Jahre von selber ab und man hat sich in 10 Jahren ganz von selbst ein Vermögen erworben.
Ich habe auch sonst schon Arbeiteransiedlungen gesehen, aber noch keine so schön und gut wie die der Hansa. Sonst sieht man gewöhnlich lange Reihen ganz gleicher Häuser, aber hier sind alle Häuser verschieden und alle schön. Das ist ein wunderschöner Anblick und wir sind alle sehr froh und zufrieden und der Firma dankbar, die so für uns gesorgt hat.

Anton Rothaug,
Härtereivorarbeiter

Die Hansa-Geschäftsleitung: »Die wirklichen Kosten für eine solche Wohnung betragen also jährlich nur Mk. 112,50, alles übrige kommt dem Arbeiter wieder zu gut, weil er mit jeder Mark immer mehr in das Eigentum an seinem Hause hineinkommt.«

Die Häuser waren so geräumig, daß manche Arbeiterfamilien noch jüngere unverheiratete Kollegen bei sich aufnahmen, welche durchschnittlich 45–50 Mk. monatlich für Kost und Logis zahlten. Auf diese Weise konnte mancher Arbeiterhaushalt seine wirtschaftliche Lage noch bescheiden aufbessern. Von großer Wichtigkeit war das Vorhandensein der Gärten. Wenn der Zehnstundentag in der Fabrik absolviert war, sah man auf den Feldern der Kolonie die Familien zwischen ihren Kartoffelstauden und Kohlhaufen beschäftigt. Einen Teil ihrer Nahrung konnten sie selbst herstellen.

Hansa-Vertretungen.

Das wachsende Interesse der Automobilisten an den Hansa-Wagen veranlaßte das Vareler Werk schon bald nach seiner Gründung zum Aufbau eigener Filialen bzw. eines Händlernetzes. Einer der größten Ableger der Hansa-Automobil-Gesellschaft wurde Ende 1909 in Berlin eröffnet. An der Spree war vor allem der Geschäftsverkehr mit den Militärbehörden sehr rege. Aber auch aus Rücksicht auf die zahlreichen Kunden aus dem Raum Brandenburg und Westpreußen, die sich zur Probefahrt naturgemäß eher in die Reichshauptstadt denn ins Oldenburgische begaben, sah man sich veranlaßt, in Berlin mit einem eigenen Verkaufssalon Flagge zu zeigen. Das maßgebende automobile Fachorgan, die »Allgemeine Automobilzeitung«, schrieb aus Anlaß der Eröffnung:

»Die Hansa-Automobil-Ges., deren Fahrzeuge sich mit Recht von Jahr zu Jahr einer immer mehr steigenden Beliebtheit erfreuen, haben im belebtesten Teil des Berliner Westens, in der Steglitzerstr. 27, dicht an der Potsdamerstraße, eine eigene Filiale für Berlin errichtet, deren Leitung in den Händen des bestens bekannten, langjährigen Berliner Generalvertreters der Firma, Herrn Römpler, liegt. Die großen Geschäftslokalitäten der neuen Hansa-Filiale sind von einem so erlesenen Geschmack, daß sich ein Besuch derselben lohnt, nicht bloß zwecks Besichtigung der hocheleganten Ausstellungsgegenstände, sondern auch um die äußerst gediegene, ohne jede Überladung ruhig-vornehm wirkende vorbildliche Ausstattung dieser schönen Räume auf sich wirken zu lassen«.

In der Tat hatte man keine Ausgaben gescheut, um den Hansa-Verkaufssalon besonders attraktiv zu gestalten. Zwei große Schaufenster flankierten den Eingang (in einem stand gleich das neueste, blanke Hansa-Chassis eines 8/18 PS Vierzylinders; im zweiten fand man ein leichtes Hansa-Doppelphaeton ausgestellt), durch den man in die hohen Verkaufsräume gelangte. Hier war alles auf die Grundfarbe blau abgestimmt und im neuesten Darmstädter Stil gehalten; tiefblaue Stofftapeten zierten die Wände, während aus mehreren Kronen gedämpfte elektrische Glühbirnen in kunstvoller Anordnung Licht spendeten.

Die »AAZ« schrieb über die ausgestellten Wagen: *»Wir finden u. a. den wuchtigen, in gelb gehaltenen zweisitzigen Hansa-Rennwagen in Torpedoform, der von mehreren sportlichen Veranstaltungen des vergangenen Jahres her bestens bekannt ist, ferner einen prächtigen Wagen mit Kombinationskarosserie, der sich speziell für Ärzte und Stadtverkehr eignet, präsentiert. Daran schließen sich hinten ein weiterer großer Ausstellungsraum und die umfangreichen Räumlichkeiten für Reparaturwerkstätten nebst Ausfahrt nach dem Hofe an.«*

Das Verkaufsmonopol der Hansa-Wagen für die thüringischen Staaten westlich der Saale besaß im Jahre 1910 Otto Merbach (»Thüringer Hansa-Automobil-Centrale«). Dieser war nahezu zwölf Jahre lang Mitarbeiter seines Schwagers, des Dixivertreters Hoflieferant Büchel in Gotha gewesen, bevor er im Herbst 1909 eine eigene Garage mit Reparaturwerkstätte eröffnete.

Gesellschafter der Hansa-Automobil-Centrale in Hamburg, die im Herbst 1909 gegründet wurde, waren der Hamburger Großkaufmann und Industrielle Mayer-Bertheau, ein engagierter Automobilist; Herr Hugo Danckers und die Hansa-Automobil-Gesellschaft Varel. Danckers war zuvor 20 Jahre lang bei der Hamburger Filiale der Fahrrad- und Automobilfabrik Adler beschäftigt gewesen, deren Leitung er zuletzt

hatte. Fortan war er Geschäftsführer der Hansa-Automobil-Centrale an der Elbe, die gewissermaßen als Filiale der Hansa zu betrachten war, und die neben der Hansestadt und Umgebung auch Schleswig-Holstein und Mecklenburg bearbeitete. Die Büroräume befanden sich nahe der Alster, Dammtor 30.

Auch im deutschen Westen, in Köln, zeigten die Hansa-Werke Flagge mit einer eigenen Vertretung: dem Hansa-Bischof. Die Firma G. Bischof & Co., 1887 als Fahrradgeschäft gegründet, wurde von G. Bischof und seiner Frau geleitet. Er war schon vor der Jahrhundertwende Automobilist und auch in motorsportlicher Hinsicht erfahren. Für Köln besaß er die staatliche Erlaubnis zum Ausbilden im Automobilfahren. Bischofs Geschäftsräume, womit auch ein Garagenhof und eine Reparaturwerkstätte verbunden waren, lagen an der Ringstraße, Hohenstaufenring 45. Hansa-Fahrer, die etwa mit ihren Wagen Kurs auf Belgien oder Frankreich nahmen, deckten sich vor der Weiterreise ins benachbarte Ausland bei Bischof mit allem erforderlichen Zubehör ein.

In Großbritannien bauten die Hansa-Automobil-Werke eine Verkaufsorganisation auf. Ein entsprechender Vertrag wurde im März 1912 abgeschlossen. Unter dem Namen Hansa-Cars (London) Ltd. errichteten die Hansa Werke eine Niederlassung in bester Geschäftslage in Piccadilly mitsamt großen Ausstellungsräumen, Garagen und Reparaturwerkstätte. Die Leitung übernahm Frank Morris, der lange Jahre technischer Leiter des Automobilwesens des Königs Edward war und vor seinem geschäftlichen Start mit dem Hansa-Wagen mit gutem Erfolg die Vertretung der Firma Stoewer, Stettin, innehatte.

Vor der Gründung der Hansa-Filiale in London war der Hansa-Wagen kaum bekannt in England. Das änderte sich schnell, entstand doch binnen kurzer Frist ein – wenngleich weitmaschiges – Vertreternetz im ganzen Königreich, darunter auch mit Sitz in Manchester. Dort verschaffte sich der »Manchester Guardian« alsbald einen Testwagen und äußerte sich wohlwollend: *»Eine eingehende Inspektion gab uns Gelegenheit, viel schöne Einzelarbeit und sorgfältige Konstruktion zu beobachten. (...) Der Hansa-Wagen wird in sieben verschiedenen Modellen gemacht, von 18 PS bis 45 PS. Alle Modelle haben 4 Zylinder. Der 45 PS, von denen jetzt einer in Manchester in Betrieb ist als Vorführungswagen des Herrn W. H. Colt, gibt uns nach dem Aussehen der Maschine und nach dem Laufen des Wagens den Eindruck, als ob eine viel größere Kraft darin steckte wie es in Wirklichkeit der Fall ist. Der Anlauf ist gut und auch die Bergsteigungsfähigkeit ist, soweit wir Gelegenheit hatten darüber zu urteilen, ausgezeichnet. 69 Meilen (110 km) per Stunde soll der Wagen auf ebener Erde laufen können. Äußerlich zeigt der Hansawagen nichts Außergewöhnliches, seine Linien sind hier schon ziemlich bekannt. Auffallend dagegen sind die hervorragend ruhigen, oben liegenden Ventile. Die Einfachheit ihrer Antriebsanordnung ist der hervorragendste Teil seiner Konstruktion.«*

Der Ausbau eines eigenen Händlernetzes im europäischen Ausland fand sein Ende mit dem Beginn des Ersten Weltkriegs. – In der Weimarer Zeit strahlte der Markenruf der »Hansa« kaum noch über den deutschsprachigen Raum hinaus, im Gegensatz zu Hansa-Lloyd in Bremen, das ein sehr exportorientiertes Unternehmen war.

Die rege Nachfrage nach Hansa-Wagen veranlaßte das Vareler Unternehmen zur Errichtung repräsentativer Filialen und Vertretungen im In- und Ausland. Besonders im automobilfreundlichen Berliner Westen scheute man keine Kosten, um dem Hansa-Verkaufssalon ein besonders repräsentatives Gesicht zu geben. Aber auch nach England streckten die Hansa-Werke ihre Fühler zu namhaften Automobilhändlern aus.

Die erste Hansa-Niederlassung in Berlin-Moabit mit einem Hansa Typ A als halboffene Limousine. Die Verkaufsräume wurden schon bald nach Steglitz verlegt.
Seite 34: Hansa-Vertretung Gebr. Mappes in Heidelberg.

Die Hansa-Automobil-Gesellschaft baute nicht nur zuverlässige und leistungsfähige Automobile, sondern ging auch in die Geschichte des Motorsports ein. Ihr größter Erfolg war den Varelern 1914 beschieden, als ein Team von drei Hansa-Wagen strafpunktfrei die Alpenfahrt, die schwerste Tourenfahrt der Welt, absolvierte und den Sieg davon trug.

Hansa-Sportwagen

Um den Beweis der Leistungsfähigkeit ihrer Wagen zu erbringen, nahmen Hansa-Wagen schon früh an motorsportlichen Rennen und Konkurrenzen teil, was als Firmenwerbung von größter Bedeutung war. Dutzende von ersten Preisen konnten in der wilhelminischen Zeit im In- und Ausland erworben werden.

Zur Firmenpolitik gehörte es, vor allem private Fahrer ins Rennen zu schicken und durch sie die Siegeslorbeeren holen zu lassen. Das sparte nicht nur Kosten, sondern erzielte in der Öffentlichkeit eine viel größere Breitenwirkung. Schon 1908 nahm der technische Direktor der Hansa-Automobil-Gesellschaft, August Sporkhorst, an der Prinz-Heinrich-Fahrt als Privatfahrer teil. Sporkhorst war es auch, der die Entwicklung eines Hansa-Sportwagens initiierte – des Typ B. Der Vierzylinderblockmotor dieses Vehikels leistete 20 PS. Die Höchstgeschwindigkeit betrug knapp 100 km/h. Mit dem markanten, hochovalen Kühler und der windschnittigen Leichtmetallkarosserie leistete Hansa bei diesem Modell einen Vorgriff auf spätere Stromlinienzeiten. Der Hansa Typ B-Rennwagen galt im Motorsport der damaligen Zeit als Inbegriff des rasanten Sportwagens. Die Fertigung des Aufbaus erfolgte übrigens nicht in Varel, sondern bei der Delmenhorster Karosserieschmiede Tönjes. In deren Auftrag hatte der bekannte Designer und Kunstmaler Ernst Neumann-Neander das Blechkleid entworfen. Offensichtlich gefiel ihm sein automobiles Werk so gut, daß er sich gleich selbst einen entsprechenden Hansa-Wagen orderte. Neumann-Neanders länglich-ovaler Kühler schmückte 1913 alle Hansa-Wagen, mit Ausnahme der schweren Modelle mit Repräsentationscharakter, die den quadratischen Kühler mit Hansa-Schriftzug beibehielten. Einen ihrer ersten wichtigen Erfolge erzielte die Hansa-Automobil-Gesellschaft im Frühjahr 1909 bei der Internationalen Lastwagenprüfung, die vom Kaiserlichen Automobilclub, der Inspektion der Verkehrstruppen und dem Verein deutscher Motorfahrzeugindustrieller veranstaltet wurde. Diese Prüfung gehörte zu den schwierigsten aller Automobilprüfungen, dauerte drei Wochen und führte durch einen großen Teil Deutschlands über zum Teil schlechte Straßen und durch gebirgige Gegenden mit enormen Steigungen. Die HAG nahm an der Fahrt teil, um zu zeigen, daß zwischen ihrem leichten Hansa-Vierzylinder und den »Billigautos« anderer Hersteller ein himmelweiter Unterschied bestand. Deshalb setzten die Vareler bei der Fahrt einen ihrer normalen 6/14 PS-Wagen ein, dem eine geräumige Lieferwagenkarosserie verpaßt wurde. Das Mehrgewicht gegenüber einem gewöhnlichen Doppelphaeton betrug durch das Gewicht des Kastenaufsatzes, der Nutzlast von 500 kg, der mitgeführten Benzin- und Ölvorräte und dem Gewicht des Fahrers und des Kontrolleurs nicht weniger als 825 kg, was dem Gewicht von 11 Personen à 75 kg entsprach. Mit dieser großen Belastung legte der Hansa-Wagen die gesamte Strecke zurück, ohne daß eine Störung aufgrund des normalen Gewichts auftrat.

Der Wagen wurde mit Benzol betrieben, um die Verwendbarkeit dieses heimischen Brennstoffs bei Hansa-Wagen zu zeigen. Auf seine Leistungsfähigkeit hatte das keinen Einfluß. Die Ausdauer und Robustheit des Hansa-Vierzylinders wurde schließlich mit der »Großen Goldenen Medaille« belohnt, die dem Hansa-Werk einstimmig von der Jury zuerkannt wurde.

Auch die am 5. Mai 1910 beendete Zuverlässigkeitsfahrt für kleine Wagen brachte der Hansa-Automobil-Gesellschaft einen großen Erfolg. Sämtliche an der Fahrt beteiligten drei Wagen legten die fast 1000 km lange Fahrt ohne jeglichen Strafpunkt, also ohne irgendwelche Störung zurück – was damals schon etwas galt – und wurden demzufolge mit der goldenen Medaille bedacht. Am Steuer der drei Hansa-Wagen saßen Ing. F. Römpler, der Leiter der Berliner Hansa-Filiale, C. Besecke sowie der Hansa-Fahrmeister Kuck, der den dritten Wagen erfolgreich ans Ziel brachte. Die Fahrt der kleinen Wagen war eine reine Zuverlässigkeitsfahrt. Sie gliederte sich in folgende Tagesetappe:

Berlin – Lüneburg	= 275,2 km
Lüneburg – Hannover – Bielefeld	= 244,1 km
Bielefeld – Kassel – Eisenach	= 253,4 km
Eisenach – Würzburg – Rothenburg	= 216,6 km
	= 989,3 km

Von den 13 gemeldeten Firmen waren die Fahrzeuge der Daimler Motorengesellschaft nicht zur Abnahme der Wagen erschienen, da – wie es hieß – ihre Fertigstellung nicht mehr möglich war. Auch die Wagen der Fahrzeugfabrik Ansbach blieben aus, sodaß schließlich nur elf Fabriken mit je drei Wagen an der Fahrt teilnahmen.

Die Wagen durften nur mit dem Wagenführer besetzt sein und mußten für jeden weiteren vorgeschriebenen Sitz mit 70 kg Ballast versehen werden. Die entsprechenden Sandsäcke waren jedoch eine recht üble Beigabe, denn die Säcke waren schlecht und ließen fortwährend Sand durchrieseln, der *»nicht nur das Leder der Karosserien verdarb, sondern auch ständig auf Kupplung und Getriebe lief«*, wie die »Hansa-Automobil-Rundschau« später klagte.

Nachdem die drei Hansa-Wagen die Prüfungsfahrt beendet hatten, ohne daß die Fahrer

Die Sieger der Alpenfahrt von 1914, Kappel, Bärens und Köhler, auf ihren Hansa Typ F, einem Vierzylinder mit 2515 ccm, der 32 PS Leistung brachte. Der Preis dieser Serienwagen, hier als Doppelphaetons, betrug ca. 10 550,– Mark.

groß das Bordwerkzeug in die Hand zu nehmen brauchten, erhielten sie die höchste Auszeichnung, die »Goldene«. Der Landesherr, Großherzog von Oldenburg, sandte sofort ein Anerkennungstelegramm.

1912 war für Hansa ein Jahr des motorsportlichen Durchbruchs. Die »Allgemeine Automobil-Zeitung« schrieb: *»Die Hansawerke haben in diesem Jahre Erfolg auf Erfolg. Bei der soeben beendeten 8tägigen ›Mitteldeutschen Tourenfahrt‹ trug Hansa einen Doppelsieg davon. Herr P. Holländer Berlin errang den 1. Preis. Der Hansa wurde ohne Chauffeur gefahren und war besetzt mit 4 Personen. Herr Fabrikbesitzer K. Niendorf-Luckenwalde, erhielt den 2. Preis. Dieser Hansa-Wagen wurde auch ohne Chauffeur gefahren, war besetzt mit 5 Personen und Gepäck. Die Fahrt zeigt wiederum, daß Privatleute ebensogute Aussichten bei Konkurrenzen haben, wie Fabrikfahrer, wenn sie sich eines guten und zuverlässigen Wagens bedienen. In diesem Fall hat sogar das Duett Holländer-Niendorf die teilnehmenden Fabriken überlegen geschlagen. Gerade der Hansa-Wagen bietet Privatleuten bei Bestreitung von Konkurrenzen die größten Chancen.«*

Auf der schwierigsten Automobilprüfung, die seinerzeit in der alten und neuen Welt stattfand, der österreichischen Alpenfahrt, schlug sich die Marke »Hansa« 1912 ebenfalls achtbar. Die Vareler traten mit einem Wagen der 2. Steuerklasse auf dieser schwierigen Strecke an (10/30 PS-Type), während das Gros der Automobilhersteller mit ihren »Kanonen« an den Start ging. Die Tagestouren betrugen ca. 400 km, doch waren 400 km auf diesem gebirgigen Terrain de facto ebensoviel wie die doppelte Strecke in der Ebene. Manche Fahrer konnten, wenn sie abends am Etappenziel waren, kaum noch gehen und stehen, und so war es nicht verwunderlich, wenn der Direktor der Österreichischen Daimlerwerke, Fischer (der Sieger von 1911), vor Übermüdung einschlief, so daß sein Wagen an einem Prellstein zertrümmerte. Es kamen ungemein viele Defekte vor: einige Wagen verbrannten ganz, andere erlebten alle möglichen Brüche. Die größte Blamage holte sich die österreichische Firma Puch in Graz, deren acht Wagen ›strafverlegt‹ wurden und hinterher fahren mußten, weil sie die Steigungen nur mit Mühe und Not nahmen. Das wollte viel sagen bei einer Fabrik, deren Sitz doch mitten in den Bergen war. Beim Hansa-Wagen aus dem norddeutschen Flachland sah die Sache indes besser aus. Er marschierte die Gebirgsstraßen brav hoch. Selbstbewußt hielt das Hansa-Werk eine Erklärung dafür parat: *»Bei Varel ist alles flache Ebene, uns ersetzen unsere unergründlichen meilenlangen Sandwege in der Heide die Steigungen und bieten uns ein gutes Probierfeld, denn viele dieser Sandwege bieten ebenso viel Widerstand als die stärksten Steigungen.«*

Bei der Alpenfahrt bewährte sich auch die spezielle Hansa-Kühlung ohne Wasserpumpe (Thermo Syphon Pumpe). Während der ganzen 2 400 km langen Fahrt durfte in den Kühler kein Wasser nachgefüllt werden, er war plombiert. Auf der Strecke der österreichischen Alpenfahrt waren 19 Pässe zu überwinden, unter denen sich die steilsten Bergstraßen der österreichischen Alpen befanden. Die Fahrt war eine »non stop«-Fahrt, d. h. der Motor mußte alltäglich vom Start bis zum Ziel weiter laufen, auch bei Ausbesserung von strafpunktfreien Reifenschäden. Motorhaube, Kühlereinfüllöffnung, Fußbretter und unteres Schutzblech wurden vor Antritt der Fahrt plombiert; jedes Lösen einer Plombe, auch wenn keine Ausbesserung vorgenommen wurde, jedes Stehenbleiben des Motors wurde mit Strafpunkten belegt.

Die meisten der Kontrolleure waren österreichische Offiziere. Sie mußten jeden Tag wechseln und wurden allabendlich durch Los bestimmt. Manche Berge hatten oft 12–16 km lange Steigungen von 25%, teilweise noch mehr, andere hatten schlechte, schmale Straßen und unzählige Kurven. Tatsächlich schaffte es der Hansa-Wagen 10/30 PS (Typ F), die strapaziöse Fahrt völlig strafpunktlos zu überwinden; er befand sich bei der offiziellen Kontrolle nach Eintreffen am Ziel in genau derselben Verfassung wie beim Start und erhielt dafür einen der wertvollsten Preise, den Ehrenpreis des Kaiserlichen Automobil-Clubs Berlin. Eine höhere Auszeichnung wurde auf der Tourenfahrt überhaupt nicht erteilt; der Alpenwanderpreis kam erst im folgenden Jahr zum Austrag.

1913 stellten Hansa-Wagen erneut unter Beweis, daß sie in ihrer Klasse mit zu den betriebssichersten und leistungsfähigsten Vehikeln gehörten: Ein Team von drei Hansa-Wagen des Typ F (2,6 Liter-Vierzylindermotor) überstand die schwere Prüfungsfahrt erneut ohne Strafpunkte und erwarb somit die Anwartschaft auf den Alpenpokal. Bei den eingesetzten Hansa-Wagen handelte es sich um reine Serienwagen, was den Hansa-Erfolg besonders wertvoll machte. Dieser Sieg stellte die motorsportliche Krönung in der Hansa-Geschichte dar. Während des Ersten Weltkriegs ruhte naturgemäß der Motorsport in Deutschland. Erst Mitte der zwanziger Jahre gelang es dem Vareler Werk, wieder an alte Erfolge anzuknüpfen.

Hansa stellt aus

Wo immer es Exportmärkte zu erobern gab, zeigten die Vareler Autobauer Flagge mit eigenen Ausstellungsständen. Das galt natürlich auch für den Binnenmarkt. Schon 1906 stellte

Drei Hansa-Wagen, die erfolgreich an der internationalen Zuverlässigkeitsfahrt für kleine Wagen im Jahre 1910 teilnahmen. Bei den Wagen handelt es sich um Hansa 10/18 Doppelphaetons mit dem Hansa-Vierzylinderblockmotor. Am Steuer C. Besecker (Oldenburg), Fahrmeister Kuck (Varel) und Fritz Römpler (Berliner Hansa-Vertretung). Oben: Hansa-Stand auf der Berliner Automobilausstellung.

Hansa erstmals auf der Automobilausstellung in Berlin aus. Gezeigt wurden zwei kleine HAG-Vehikel mit französischen Einbaumotoren, welche in der Zeitschrift »Der Motorwagen« als *»vorzüglich durchkonstruiert«* gepriesen wurden. Seitdem sah man Hansa-Wagen auf nahezu allen Automobilausstellungen in Berlin, Leipzig oder Köln, etwa vom 12.–22. Oktober 1911 in den Ausstellungshallen am Zoologischen Garten, wo nach mehrjähriger Pause wiederum eine internationale Automobil-Ausstellung stattfand. Prachtstück des Hansa-Standes war eine große Limousine (Typ E 45) für den Großherzog von Oldenburg. Daneben fanden drei weitere Hansa-Modelle starke Beachtung. Außer dem Prinzen Heinrich von Preußen kamen als Besucher an den Hansa-Stand der Großherzog von Mecklenburg-Schwerin und Prinz und Prinzessin Eitel-Friedrich. Die Hansa-Rundschau berichtete: *»Besonders Prinzessin Eitel-Friedrich als geborene Oldenburgerin zeigte an unseren Erzeugnissen viel Freude und Interesse«.* Ein Modell der Hansa-Eigenheim-Kolonie, über 8 qm groß, erregte allerhand Aufsehen und sollte beweisen, daß *»Hansa nicht nur ausgezeichnete Wagen bauen, sondern auch in anerkennungswerter Weise für ihre Arbeiter zu sorgen« vermochte.* Die Zeitschrift »Der Motorfahrer« (Organ des Allgemeinen Deutschen Automobil-Clubs) berichtet: *»Einer der umlagertsten Stände war der Hansastand in Halle 1, obwohl die Hansa-Gesellschaft ausdrücklich erklärt, daß sie nicht billig sein wolle. Und so wie wir gehört haben, dürfte trotzdem der Hansa-Stand einer der erfolgreichsten in der ganzen Ausstellung gewesen sein.«*

Im Jahre 1913 stellte Hansa in Petersburg aus. In russischer Sprache begrüßte man die Besucher auf dem Petersburger Stand der Hansa-Automobil-Werke, Varel-Bielefeld. Selbst die deutschen Chauffeure waren angehalten, die Russen in ihrer Landessprache artig zu empfangen. Das deutsche »Hansa« hatte sich in Petersburg in »Ganza« verwandelt, wie die Russen, die das H nicht kennen, das Wort aussprachen, und diese Marke stand als Inschrift auf allen Kühlern! Die fünf sämtlich tiefschwarz lackierten »Ganza«-Wagen gehörten zu den schönsten der Ausstellung. Besonders beachtet wurde ein Doppelphaeton mit komfortabler Klubsesselpolsterung, bei welchem in die obere Rundung des Kühlers ein Scheinwerfer eingebaut war – eine Idee des Designers und leidenschaftlichen Hansa-Fahrers Neumann-Neander. In Deutschland war dieser Hansa-Wagen auch als »Das Telegramm« bekannt. Wie ein riesiges Auge schaute der Scheinwerfer aus dem Kühler heraus und ergab eine wirkungsvolle Optik. An Konstruktionsdetails waren weiter interessant die abnehmbare Hansa-Felge auf Drahtspeichenrad. Hiervon konnte man wegen der Raumersparnis gegenüber den normalen Drahtspeichenrädern bequem bis zu drei Stück mit sich als Reserve führen – seinerzeit eine Notwendigkeit! Eine weitere Neuheit zeigten auch die Türen der großen Hansa-Limousine 15/45 PS. Sobald die Türen aufgingen, wurden die Trittbretter indirekt elektrisch beleuchtet. Wirksam präsentiert war auch das 45 PS Chassis. Der Motor zeigte die bekannte Hansa-Konstruktion mit den oben liegenden Ventilen. Das mit dem Motor in einem Block vereinigte, gedrungen gebaute Getriebe hatte vier Vorwärtsgänge und eine Kulissenschaltung. Der Wagen besaß Kardanantrieb. Neben der 45 PS-Limousine und dem 36 PS-Sport-Doppelphaeton mit Zyklopenauge sowie dem 45 PS-Chassis präsentierte die Hansa noch ein 30 PS-Sportdoppelphaeton und ein 24 PS-Sportdoppelphaeton.

Prominentester Gast des Hansa-Standes war übrigens Zar Nikolaj. Er nahm Robert Allmers' Einladung auf ein Glas Champagner an, welches Andreas Golla, der Kammerdiener von Allmers, mit vor Stolz gewölbter Brust servierte. Noch Jahre nach dem Zweiten Weltkrieg erzählte Golla, eine Art Faktotum bei Allmers, wie er dem Kaiser von Rußland den Champagner reichen durfte...

Automobilistische Tugend

Eine Tugend des Automobilismus ist es, daß er ein Sport ist, der zur Pflege der Geselligkeit geradezu zwingt. Es ist ein durchaus zweifelhaftes Vergnügen, allein auf einem Auto herumzufahren. Gerade die Bequemlichkeit, welche die Industrie den Wagen heute verleiht, um sie zu einem angenehmen Mittel auch zum Zurücklegen weiterer Entfernungen zu machen, ist dieser Geselligkeit gewidmet. Der einschichtige Motorradfahrer bleibt immer ein wenig Eigenbrödler, während der Autofahrer sich den berechtigten Wünschen seiner Mitfahrer gern unterordnet, da er ja meistens in der Lage ist, sie sich selbst auszusuchen. Auch der Umstand, daß ein Auto für die Damen besonders anziehend ist, hat wieder die angenehme Wechselwirkung gehabt, daß auch die Wagen in ihrer Einrichtung für die Damen immer mehr zugeschnitten werden, damit sie sich darin wohl fühlen.

(aus: Hansa-Automobilrundschau, Nr. 2, vom 15. April 1910)

II. 35
II. 34
B.W.
4
A.Fsp.
A.O.K.2
II. 37.
Lloyd

Die Fusion von Hansa und Namag

Die Vereinigung der beiden Automobilwerke Namag (Norddeutsche Automobil- und Motoren A. G.) und Hansa-Automobil Werke fand im Frühjahr 1914 statt, wobei das Vareler Werk die Bremer Namag in sich aufnahm, sein Kapital auf 10 000 000 Mark erhöhte und die Firmierung in Hansa-Lloyd Werke A. G. änderte. Der von der Hansa herausgegebene offizielle Bericht sagte über die Transaktion folgendes:

»Die Verwaltungen der Hansa-Automobil Werke A. G. und der Norddeutschen Automobil- und Motoren A. G. haben die Vereinigung der beiden Gesellschaften beschlossen und berufen nunmehr auf den 22. Mai a. c. die ordentlichen Generalversammlungen. Neben den Regularien steht auf den Tagesordnungen die Beschlußfassung über die Genehmigung des Vertrages, durch welchen die Norddeutsche Automobil- und Motoren A. G. ihr Vermögen als Ganzes ohne Liquidation auf die Hansa-Automobil Werke A. G. gegen Gewährung von Aktien dieser Gesellschaft überträgt. Die Aktionäre der Norddeutschen Automobil- und Motoren A. G. erhalten für je 3 000 M. Stammaktien 1 000 M. Aktien und für je 4 000 M. Vorzugsaktien 3 000 M. Aktien der Hansa-Automobil Werke A. G. halbdividendenberechtigt für das Geschäftsjahr 1914. Zu diesem Zwecke, sowie zur Vergrößerung der Betriebsmittel wird das Aktienkapital der Hansa-Automobil Werke A. G., welche in Zukunft »Hansa-Lloyd Werke Aktiengesellschaft« firmieren wird, um 5 600 000 M. erhöht und eine hypothekarisch gesicherte Anleihe im Betrage von 3 500 000 M. ausgeben. Die neuen Aktien, soweit sie nicht zur Durchführung der Fusion den Aktionären der Norddeutschen Automobil- und Motoren A. G. zukommen, sowie die neue Anleihe sind von einem Konsortium übernommen worden.

...

Den Vorstand der vereinigten Gesellschaften werden die Herren Dr. Allmers und Sporkhorst von der Hansa-Automobil Werke A. G. und Herr H. S. Meyer von der Norddeutschen Automobil- und Motoren A. G. bilden. Während die Hansa-Automobil Werke mit ihren Fabriken in Varel und Bielefeld bisher erfolg- und ertragreich auf dem Gebiete der Personenautomobile tätig sind, ist bei der Norddeutschen Automobil- und Motoren A. G. neben den großen Luxus- und elektrischen Wagen der Nutzwagen in seinen verschiedensten Formen als Spezialität entwickelt. So werden sich die vereinigten Werke nicht nur technisch, sondern auch in der Verkaufsorganisation vortrefflich ergänzen.«

Als die Hansa-Automobil Werke die Norddeutsche Automobil- und Motoren A. G. schluckten, stellten sie ein prosperierendes Unternehmen dar. 800 Arbeiter waren in Varel beschäftigt und mit 4,4 Millionen Mark Kapital zählte das Unternehmen schon zu den großen deutschen Automobilwerken. Nach der Vereinigung mit der Namag war sie ohne Zweifel ein nicht zu unterschätzender Faktor in der deutschen Motorwagenindustrie.

Während in Varel ausschließlich Personenwagen gebaut wurden, hatte die Namag in den letzten Jahren vor der Fusion ihren Schwerpunkt mehr auf Nutzwagen gelegt, daneben aber auch größere Luxuswagen hergestellt. Zu der Norddeutschen Automobil- und Motoren A. G. gehörte auch eine Fabrik für Dynamomaschinen und Elektromotoren. Im Exportgeschäft besaß das Unternehmen zahlreiche gute Verbindungen, die nicht zuletzt auch durch Hilfe des Norddeutschen Lloyds, der Großaktionär war, gefördert wurden.

Die Namag besaß ein hochmodernes Werk in Bremen-Hastedt mit großen, aber nicht ausgelasteten Kapazitäten, während die Hansa erfolg- und ertragreich arbeitete und über ihre Werke in Varel und Bielefeld hinaus zu expandieren suchte. Insofern war Hansa-Lloyd eine glückliche Verbindung zweier für die Entwicklung des Automobils in Deutschland bedeutender Namen!

Es war eine Verbindung, in welcher der David das Kommando über den Goliath übernahm; in Allmers und Sporkhorst besaß Hansa aber wohl die qualifiziertere Führung. In langen Verhandlungen mit den Aufsichtsratsmitgliedern der Namag in Bremen glaubten sie den richtigen Weg gefunden zu haben. Da die Namag für das kleinere Hansa-Werk nun doch ein zu dicker Brocken war, beschloß man, den mit Gewinn arbeitenden Lloyd-Dynamobau ab-

1914, noch vor dem Beginn des Ersten Weltkriegs, fusionierten die Hansa-Automobilwerke und die Norddeutsche Automobil- und Motoren AG. Damit entstand eine der größten deutschen Automobilfabriken, in der während des Krieges die Belegschaft bis auf 5 000 Beschäftigte anstieg. Hergestellt wurden Lkws für den Heeresbedarf, Artilleriegeschosse, Trecker, Feldküchen und – im kleineren Rahmen – weiterhin Personenkraftwagen.

1914
Die Namag geht in die Hansa-Automobilwerke AG, Varel i. O. und Bielefeld, auf. Es erfolgt eine Kapitalerhöhung der Hansa von 5,6 auf 10 Mill. Mark. Die Firma, jetzt »Hansa-Lloyd Werke AG«, verlegt ihren Firmensitz nach Bremen. Dem Vorstand gehören Heinrich Allmers und August Sporkhorst (beide von der Hansa) an. Teile der bisherigen Bielefelder Hansa-Produktion werden in das nicht ausgelastete Bremer Werk verlegt. Ein Jahr zuvor wurden Hansa-Wagen Sieger bei der österreichischen Alpenfahrt, dem schwersten Bergrennen der Zeit.

1915
Die Hansa-Lloyd Werke produzieren 200 LKW im Monat. Die Werke in Bremen und Varel werden in Folge der Rüstungsproduktion erweitert.

1917
Die Hansa-Lloyd Werke erhalten zusammen mit elf weiteren Fabriken in Deutschland und Österreich-Ungarn den Auftrag, den Panzerwagen »A 7 V« zu produzieren. Der Zusammenbau dieses ersten deutschen Panzers erfolgt allerdings bei Lanz in Mannheim und Büssing in Braunschweig. Im ganzen werden nur 20 dieser Fahrzeuge gebaut.

1918
Die Hansa-Lloyd-Arbeiter beteiligen sich aktiv an der Revolution in Bremen, entsenden Vertreter in den Arbeiter- und Soldatenrat und unterstützen die Bremer Räterepublik.

1919
Im Schloßpark Sebaldsbrück (heute Bremen) planen die Werke nach Vareler Vorbild eine Arbeitersiedlung. Auf 25 ha Grundfläche sollen 250 Eigenheime entstehen.

zutrennen und in eine eigene Aktiengesellschaft einzubringen, so daß sich die Fusion nur auf die Automobilfertigung erstreckte. Trotz der Ausgliederung der Elektroabteilung besaßen Allmers und Sporkhorst aber immer noch nicht das notwendige Geld, um bei den neugegründeten Hansa-Lloyd Werken die Aktienmehrheit zu erwerben. Johann Heinrich von Brunn erinnerte sich in seiner Allmers-Biographie:

»Das Stammkapital der Hansa-Automobilgesellschaft mbH in Varel betrug damals 2 600 000 Mark. Die Umgründung in eine Aktiengesellschaft brachte eine Heraufsetzung des Aktienkapitals auf 4 400 000 Mark (H. AAZ 18/1914 waren es allerdings 5,6 Mill. DM.) Zur Übernahme der Namag waren noch größere Mittel erforderlich. Immer wieder wurde gerechnet. Aber das Ergebnis blieb stets das gleiche. Die zu übernehmende Gesellschaft war größer als das, was man bisher besaß. Das Aktienkapital der neuen Gesellschaft mußte also größer werden als das Doppelte des bisherigen Aktienkapitals. Allmers und Sporkhorst waren zu weiteren Erhöhungen nicht in der Lage. Die bisherigen Namag-Aktionäre hatten großenteils den Wunsch, sich von dem Geschäft zu lösen. So blieb keine andere Möglichkeit, als neue Geldgeber an der Erweiterung zu beteiligen. Für Allmers und Sporkhorst war es ein schwerer Entschluß, die Mehrheit anderen zu überlassen. Sie haben lange darüber beraten, bis sie sich zu diesem Entschluß durchringen konnten. Beide haben noch Jahrzehnte später manchmal davon gesprochen, daß sie sich darauf verließen, kraft eigener Leistung immer die erste Rolle in dem Unternehmen zu spielen. Sie hofften, daß ein befähigter Vorstand stets in der Lage sein würde, den Aufsichtsrat und die Aktionäre von der Richtigkeit dessen zu überzeugen, was sie für angemessen und notwendig hielten. Die Richtigkeit des Entschlusses, sich auf eine Minderheitsbeteiligung zu beschränken, ist schwer zu beurteilen. Niemand konnte vorausahnen, daß die Aktienmajorität einmal in Bankenhand wandern würde, und daß im Zuge der spekulativen Aktiengeschäfte der Inflations- und Wiederaufbauzeit die beiden Gründer des Unternehmens sich von ihrem Aktienbesitz trennen würden, was Allmers einmal zwingen würde, von der Gesellschaft Abschied zu nehmen.«

Hansa-Lloyd im I. Weltkrieg

Die Geschäfte der aus der Namag- und Hansa-Fusion entstandenen Hansa-Lloyd Werke liefen gut an. In Hastedt dachte man nicht nur wegen der Auslastung der Kapazitäten an Erweiterungen der bebauten Arbeitsfläche. Und auch nach Ausbruch des Ersten Weltkriegs lief die Produktion anfangs unverändert weiter, bis sie auf die Herstellung von Artilleriemunition und Heereslastwagen umgestellt wurde. Über 5 000 Menschen arbeiteten seinerzeit in der Bremer Werksanlage und lieferten monatlich zwischen 90–100 Lastkraftwagen an die Heeresverwaltung ab – in erster Linie solche von 3–4 Tonnen Tragkraft.

Aber die Hochkonkunktur während des Ersten Weltkriegs war nur eine Scheinblüte. Kaum ein Zweig der deutschen Industrie hatte in Wirklichkeit so schwer unter den Folgen des Krieges zu leiden wie die Automobilindustrie!

Als im Sommer 1914 die ruhige und stetige Entwicklung eines relativ kaufkräftigen Binnenmarktes und eines erfolgreichen Exports (45% der Produktion ging ins Ausland) durch den Ausbruch des Ersten Weltkriegs jäh unterbrochen wurde, mußte sich die deutsche Automobilindustrie unvorbereitet auf den ständig steigenden Bedarf der Militärs umstellen; denn die verantwortlichen militärischen Stellen des Reichs hatten trozt aller Vorhaltungen der Automobilindustrie in der Friedenszeit der Bedeutung des Kraftwagens für eine moderne Kriegsführung nur wenig Verständnis entgegengebracht.

Erst als die Franzosen im Herbst 1914 ein Armeekorps mit Hilfe der requirierten Pariser Taxis an die sich auf die Hauptstadt zubewegende Front verlegten und so den »Blitzkrieg« erfanden, erkannte auch das deutsche Offizierskorps die strategische Bedeutung einer motorisierten Fortbewegung.

Außer einer verhältnismäßig geringen Anzahl von mit Subventionen der Privatwirtschaft gelieferten schweren Lastwagen fehlte es den wilhelmischen Truppen fast völlig an Kraftwagen, die für militärische Zwecke geeignet waren. Die Folge war ein überhastetes Wachsen der bestehenden Automobilfabriken sowie ein Hinzutreten von neuen Fabriken, die keine technischen Vorarbeiten mitbrachten. An Stelle

der Qualität mußte die Quantität treten. Außerdem setzte schon bald nach Ausbruch des Krieges ein Mangel an Werkstoffen ein, die für den Bau von Qualitätswagen benötigt wurden. Es mußten folglich an deren Stelle Ersatzmaterialien verwendet werden.

Die Verteilung des erforderlichen Rohmaterials nahm der Verein Deutscher Motorfahrzeugindustrieller (VDMI) im Verein mit der Heeresverwaltung vor. Ständig kam es bei der Kriegsrohstoffbewirtschaftung zu Engpässen. Später drangen VDMI und Militärs immer stärker darauf, statt wertvoller Rohstoffe billige Ersatzmaterialien zu verwenden. 1915 wurde Robert Allmers in den Vorstand des VDMI gewählt.

Während Allmers sich immer stärker mit Verbandspolitik beschäftigte und immer mehr Hansa-Lloyd-Fahrzeuge an die Fronten rollten (auch die Mittelmächte Österreich, Bulgarien und die Türkei wurden mit Lkws aus Bremen beliefert), mußte ein einziges Vorstandsmitglied der Hansa-Lloyd Werke in den Krieg ziehen. Es war der Ingenieur und Elektromobilspezialist H. S. Meyer. Unternahm man vielleicht deshalb nicht den geringsten Versuch, ihn vom Militärdienst zu befreien, weil er Jude war? Erst als der Krieg nicht mehr mit Pferden gewonnen werden konnte und sich das Automobil auf militärischem Gebiet als *das* überlegene Transportmittel erwiesen hatte, durfte Meyer wieder seinen Uniformrock ausziehen und wurde für die Rüstungsproduktion bei Hansa-Lloyd freigestellt.

Neben den Hansa-Lloyd-Lastwagen sowie Artilleriegeschossen entstanden während des Ersten Weltkriegs bei Hansa-Lloyd auch Feldküchen in großen Serien (Werk Bremen) sowie Panzerteile in Varel und Bielefeld. Zudem montierte Hansa-Lloyd Lkws in seinem Reparaturwerk Leipzig.

Erst gegen Kriegsende entstand der Prototyp »Treff-Aß«. Es handelte sich um ein gepanzertes, geländetaugliches Fahrzeug mit riesigen Stahlrädern vorn (ca. 3,5 m) und einer breiten Laufrolle, auf der das Heck nachgezogen wurde. Obwohl das martialisch wirkende Vehikel sich bei Probefahrten gegen Kriegsende bewährt haben soll, ging es wegen der deutschen Kapitulation nicht mehr in Serie.

Auch eine Hansa-Lloyd-Schlepperproduktion begann während des Ersten Weltkriegs, um die Motorisierung der Landwirtschaft zu beschleunigen und damit die zahlreichen an der Front stehenden Gespannführer zu ersetzen. Das Treckermodell aus Bremen hieß »Treff-Bube« und erhielt 1916 die Goldmedaille der Deutschen Landwirtschaftsgesellschaft als besondere Auszeichnung für die hohe Qualität dieses Fahrzeugs. Es besaß zwei kräftige Stahlräder und zog, angetrieben von einem 35 PS-Benzinmotor, seine Furchen.

Neben dem Trecker produzierte Hansa-Lloyd auch entsprechende Anhängepflüge.

Seite 40, oben: Der spätere Senator und Hansa-Lloyd-Vorstand Hans Sigismund Meyer im August 1914 auf dem Bremer Hansa-Lloyd-Werksgelände. Meyer hatte sich als Reserveoffizier freiwillig gemeldet. Bei dem Wagen handelt es sich um einen Lloyd-Torpedo-Doppelphaeton 22/50 PS mit Vierzylinder-Reihenmotor, Vierganggetriebe und einer Höchstgeschwindigkeit von 90 km/h. Der Wagen wurde von 1910–1914 gebaut und kostete 13 500,– Mark (Fahrgestell). Unten: Lloyd-Lastzüge im Jahre 1914 im besetzten Belgien. Bei den Wagen dürfte es sich um eingezogene »Subventionswagen« mit 40 PS Vierzylindermotor, dessen Nockenwelle mit Zahnkette anstatt Zahnrad angetrieben wurde, handeln.
Seite 42: Hansa-Wagen im Manöver (um 1912).
Oben: Früher deutscher Panzer, »Treff-Aß«, der unter anderem von Hansa-Lloyd mitentwickelt und gebaut wurde.

In einem Flugblatt wandte sich der Vorstand des Automobilwerks im Januar 1919 verzweifelt an seine Arbeiter und Angestellten. Darin hieß es:

»Unsere bestimmte Hoffnung, den Übergang in die Friedenswirtschaft ohne allzu große Schwierigkeiten und Opfer vollziehen zu können, ist durch die Ereignisse der letzten Wochen zunichte geworden. Es tritt das ein, was wir bei den Verhandlungen mit dem Arbeiterrat vorausgesagt haben:
Wir sind am Ende.
Nur noch für acht bis vierzehn Tage haben wir Geld für die Lohnzahlungen. Seit Wochen verhandeln wir mit Berlin vergeblich wegen Überweisung einer uns vertragsmäßig zustehenden Anzahlung von vier Millionen Mark. Die Berliner Behörden weisen darauf hin, daß in Bremen keine geordneten Zustände herrschen, und daß man nach einem so unsicheren Platz keine so große Summe überweisen könne, da man keine Sicherheit habe, daß die Rückzahlung durch Waren erfolgen würde, zumal unsere Erzeugnisse in letzter Zeit außerordentlich stark zurückgegangen seien.
Unsere Lieferanten sind aus demselben Grund ängstlich, uns Material zu liefern, die private Kundschaft hat Bedenken, uns neue Aufträge zu erteilen, weil man mit rechtzeitiger Lieferung nicht mehr rechnen zu können glaubt.
Unser Bankkredit ist bis auf das äußerste ausgenützt, die Banken können weiteren Kredit nicht geben, weil unsere Produktion auf noch nicht vierzig Prozent zurückgegangen ist, obwohl die Zahl der gelernten Arbeiter jetzt höher ist als früher. Selbst wenn die vier Millionen Mark von Berlin noch eingingen, würden sie den Prozeß der Zersetzung nur kurze Zeit aufhalten können. Das ist die Folge der fortgesetzten Störungen durch Betriebsversammlungen während der Arbeitszeit, der vielen Demonstrationen und Streiks. Wir hätten für alle noch auf lange Zeit Arbeit gehabt, denn wir sind mit alten Aufträgen gut versehen und unsere Magazine liegen voll von Material. Aber dieses Material ist wertlos, wenn es nicht in fertige Produkte umgesetzt wird, und wenn nicht jeder Werksangehörige die Pflicht in sich fühlt, zu arbeiten, um das Seinige zu tun zur Erhaltung seiner Brotstelle.
Wir, die Unterzeichneten Vorstandsmitglieder, die wir dieses schöne, vor kurzem noch

Nachkriegskrisen

Bei Beendigung des Krieges verfügte die deutsche Automobilindustrie über einen technisch verbrauchten Produktionsapparat. Trotzdem arbeiteten die meisten Firmen weiter wie bisher, verfügten sie doch Ende 1918 noch über große Materialbestände und waren zudem infolge der Demobilisierungsbestimmungen gar nicht in der Lage, sich auf Friedensarbeit umzustellen.

Im Exportgeschäft erlitten die deutschen Automobilfabriken in dieser Periode einen schweren Prestigeverlust, abgesehen von den inflationsbedingten finanziellen Verlusten. Ihr Ruf der Qualität wurde durch die zum Teil minderwertigen Nachkriegserzeugnisse so gründlich zerstört, daß es insbesondere den Amerikanern ein leichtes war, sie aus den meisten Importländern völlig zu verdrängen; denn während die deutsche Industrie durch den Krieg und seine Folgen in ständig wachsendem Maße beeinträchtigt wurde, konnte sich die amerikanische Autoindustrie, der nahezu unbegrenzte Mengen der erforderlichen Rohstoffe im eigenen Land zur Verfügung standen, als Lieferant der ganzen Welt praktisch unbehindert ausdehnen.

Als Hauptnutznießer des Ersten Weltkriegs entwickelten sich die Vereinigten Staaten nach dem Krieg zum führenden Automobilproduzenten. Auch dank der gewachsenen Kaufkraft der Bevölkerung gelang es mit Unterstützung durch moderne Marketing- und Werbemethoden jahrelang, Automobile in ständig wachsenden Riesenserien abzusetzen, so daß die Verkaufspreise immer weiter herabgesetzt werden konnten und trotzdem den Fabriken Riesengewinne zufielen. Fords T-Modell ist nur das bekannteste Beispiel dieser Großserienfertigung.

Die deutschen Automobilfirmen, darunter Hansa-Lloyd, mußten dagegen Anfang der zwanziger Jahre um ihre Existenz ringen.

Der Absatz stockte, zumal das Heer, für vier Jahre der größte Kunde, keine Wagen mehr abnahm und die Aufnahmefähigkeit des deutschen Marktes äußerst gering war, solange die zahlreichen überflüssigen Heereswagen auf den Markt gelangten und für eine »Lastwagenschwemme« sorgten.

Die gesamten Bestände der wilhelminischen Armee wurden nämlich nach der Demobilmachung über eine Reichstreuhandgesellschaft veräußert. Seit 1919 gab es entsprechende Versteigerungen, wobei es bei diesen selten mit rechten Dingen zuging. Die besseren Wagen wurden oft unter der Hand an Spekulanten verkauft, während reguläre Automobilhändler, die sich für den Erwerb der Fahrzeuge ihrer eigenen Marke interessierten, angesichts dieser zwielichtigen Geschäftspraxis meist leer ausgingen. Die letzten Heeresfahrzeuge wurden 1921 verkauft – darunter auch zahlreiche ausgesonderte Hansa-Lloyd-Lkws, die sogleich auf den Markt drückten.

Neben Absatzschwierigkeiten beeinträchtigten innerbetriebliche Unruhen die Geschäfte. Es gab Streiks in Bremen, Varel und Bielefeld, die oft die Produktion zum Erliegen brachten. Der Ausstoß der Fabrik ging rapide zurück und der Unmut bei Kunden war besonders groß, wenn sie mit ständigen Verzögerungen beliefert wurden.

Die Hauptursache für die Streiks lag in der katastrophalen materiellen Lage der Automobilbauer in Bremen und Varel während des Krieges, den eingeschränkten politischen Rechten der Arbeiter und den vor allem in Bremen noch rückständigen politischen Verhältnissen. Für die Bürgerschaft galt z. B. noch das Acht-Klassen-Wahlrecht. In Bremen war es während des Krieges mehrmals zu Streiks gekommen, die vor allem von den sehr radikalen Arbeitern der A. G. »Weser« ausgingen. Im November 1918 griffen die Unruhen unter den Matrosen der deutschen Flotte auch auf Bremen über, wohin gefangengesetzte Kieler Matrosen gebracht worden waren.

Sie wurden von Abgesandten der aufständischen Matrosen und A. G. »Weser«-Arbeitern befreit. In Bremen bildeten sich ein Arbeiterrat und ein Soldatenrat, die gemeinsam tagten. In diesen schickten auch die Hansa-Lloyd-Arbei-

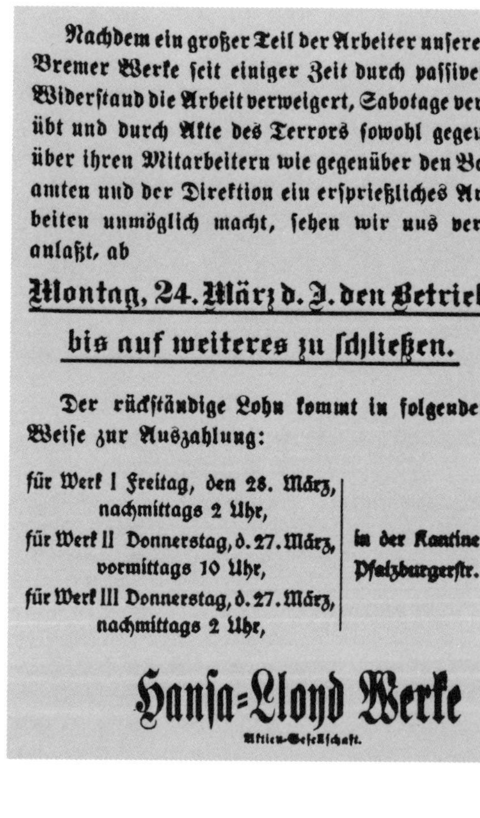

Nachdem ein großer Teil der Arbeiter unserer Bremer Werke seit einiger Zeit durch passiven Widerstand die Arbeit verweigert, Sabotage verübt und durch Akte des Terrors sowohl gegenüber ihren Mitarbeitern wie gegenüber den Beamten und der Direktion ein ersprießliches Arbeiten unmöglich macht, sehen wir uns veranlaßt, ab

Montag, 24. März d. J. den Betrieb bis auf weiteres zu schließen.

Der rückständige Lohn kommt in folgender Weise zur Auszahlung:

für Werk I Freitag, den 28. März, nachmittags 2 Uhr,
für Werk II Donnerstag, d. 27. März, vormittags 10 Uhr,
für Werk III Donnerstag, d. 27. März, nachmittags 2 Uhr,
in der Kantine Pfalzburgerstr.

Hansa-Lloyd Werke
Aktien-Gesellschaft.

ter auf je 250 Belegschaftsmitglieder einen Vertreter. Die Hansa-Lloyd-Werke im Bremer Osten und die A. G. »Weser« im Bremer Westen bildeten die beiden lokalen Träger der Bremer Rätebewegung, deren Räterepublik im Februar 1919 von Freicorps niedergeschlagen wurde.

In Varel übten die Matrosen der nahen Wilhelmshavener Garnison einen starken Einfluß auf die Arbeiter aus, und es überrascht noch heute, wie wenig die sozialpolitischen Maßnahmen von Allmers und Sporkhorst in der Kleinstadt Auswirkungen auf das Klassenbewußtsein der Arbeiter hatten, von denen ja einige schon »Eigenheim-Besitzer« waren.

Solange die Verhältnisse aber in Bremen-Hastedt unklar schienen, waren auch die Behörden in Berlin nicht bereit, Hansa-Lloyd eine noch ausstehende Summe von 4 Millionen Mark für Kriegslieferungen zu überweisen.

Eine weitere Belastung im Existenzkampf der Hansa-Lloyd Werke trat durch Forderungen ein, welche Kunden aus Vorkriegsverträgen geltend machten. Viele Kunden bestanden darauf, jetzt endlich ihr Auto geliefert zu bekommen, welches sie noch in seligen wilhelminischen Zeiten bestellt hatten. Hintergrund dieses Wunsches waren die Preissteigerungen, welche zwischen der Zeit des Vertragsabschlusses und der Nachkriegszeit den Erwerb eines Automobils verteuerten. Viele Kunden schlugen sogar den Rechtsweg ein, um zu Vorkriegspreisen noch ihren Wagen zu bekommen. Natürlich gewannen die Hansa-Lloyd Werke diese Rechtsstreitigkeiten. Letztlich aber einigten sich beide Parteien doch gütlich und außergerichtlich. Den Hansa-Lloyd Werken lag mehr daran, einen Kunden zu behalten als vor Gericht erfolgreich zu sein. Zudem gab man sich nach außen hin stets ein kundenfreundliches Image – koste es, was es wolle!

Als Hansa-Lloyd-Kunden gegenüber dem Werk Garantieansprüche geltend machten, nachdem sie ihren Wagen in den Kriegsjahren stillgelegt hatten und diese während der langen Standzeit Motorschäden davontrugen, wiesen es zwar die hanseatischen Autobauer weit von sich, daß Konstruktionsfehler am Exitus der Aggregate Schuld trugen (meist hatten sich die Kolben festgefressen, nachdem die Zylinderwände während der Kriegsjahre ausgetrocknet waren und das Motoröl sich an den tiefsten Stellen gesammelt hatte – bei der Wiederinbetriebnahme kam es dann zu Schäden an Kolben und Zylinderwänden), aber um den Markenruf zu wahren, kamen die Hansa-Lloyd Werke dem Gros der Kundenanforderungen trotzdem nach und machten dabei erhebliche Aufwendungen!

so blühende Werk gegründet, in langer rastloser Arbeit aufgebaut und durch alle Fährnisse der Entwicklungszeit hindurchgesteuert haben, stehen heute vor der traurigen Notwendigkeit, mitteilen zu müssen, daß in Kürze, wenn nicht ganz besondere Umstände eintreten, aus Mangel an flüssigen Geldmitteln der Betrieb eingestellt werden muß. Mit der jetzigen Bremer Regierung haben wir darüber schon vor einer Woche verhandelt, sie hat uns ihre Unterstützung wegen Herbeischaffung der vier Millionen zugesagt, doch fürchten wir, daß sie in Berlin keinen Erfolg haben wird.
Wir halten uns für verpflichtet, unseren Werksangehörigen den Ernst der Lage zur Kenntnis zu bringen.

Bremen, am 20. Januar 1919

Der Vorstand: Allmers, H. S. Meyer, Sporkhorst
Hansa-Lloyd Werke A.G.

Oben: Zwei Hansa-Lloyd 18/60 PS (Später »Treff Aß«) vor dem Bremer Hauptbahnhof im Sommer 1918. Die Karosserie dieses Siebensitzers stammte von Rembrandt in Delmenhorst.

Wg. № 1
GEESTEMÜNDER EISWERKE
I.St 551
V. 10013.

III-4017

Das Elektrowagenprogramm von Hansa-Lloyd

Die Hansa-Lloyd Werke hatten es nicht immer leicht, den Wert ihrer Elektrofahrzeugproduktion zu untermauern. Hartnäckig hielt sich die Meinung, daß Elektrowagen sich absolut nicht rentierten und sie von den Hansa-Lloyd Werken nur so nebenbei betrieben würde. Das stimmte nicht. Im Gegenteil: Man war in Bremen-Hastedt sicher, daß sich das Elektromobil langfristig aus volkswirtschaftlichen Gründen durchsetzen würde.

Tatsächlich stiegen die Verkaufszahlen ab 1920.

Beispielsweise lag der Jahresabsatz im Jahre 1920 bei 75 Wagen, während der im Jahre 1923 auf 271 Wagen stieg. Der Absatz für Elektrokarren ergibt ein ähnliches Bild. Die Fabrikation dieser Type beginnt erst Anfang 1922. Während im ganzen Jahre 1922 nur 82 Karren abgesetzt werden konnten, sind in den ersten 5 Monaten d. J. 153 Karren geliefert worden.

Elektroschlepper

Die Hansa-Lloyd Elektroschlepper waren sowohl als Zugmaschinen von bisher für Pferdebetriebe eingerichtete Wagen als auch zum Ziehen gewöhnlicher Autoanhänger gedacht. Die Leistung der Fahrzeuge betrug 5–10 to und ersetzte 4–8 Pferde bei beliebig vielen Anhängern. Vier Anhänger waren keine Seltenheit, etwa im Fischerhafen von Bremerhaven, wo aus einer Eisfabrik regelmäßig Kunsteis zu den Fischauktionshallen transportiert wurde. In den Fischhallen waren keine Benzinwagen zugelassen. Die sauberen abgasfreien Elektrowagen hatten – und haben – da den Vorzug. Noch heute kommen Hansa-Lloyd Elektrolastwagen der Baujahre 1927–1929 in der Weserstadt zum Einsatz!

Der Aktionsradius betrug etwa 50 km.

In den zwanziger Jahren stellten die Hansa-Lloyd Werke mit dem Elektroschlepper übrigens eine zweite Type her, die ohne eine Fahrerlaubnis gefahren werden konnte, da sie weniger als 8 km in der Stunde zurücklegen konnte. Für Elektroschlepper galten ähnliche Vorschriften wie für den »Bulldog«.

Hansa-Lloyd-Elektrolastwagen

Betrachtet man rückwirkend die automobiltechnische Entwicklung, so fällt auf, wie stiefmütterlich der elektrische Wagen im Vergleich zum Benzinwagen behandelt wurde.

Die Ursache dieser Vernachlässigung dürfte darin zu suchen sein, daß man mit der Bezeichnung »Automobil« von Anfang an den Begriff Geschwindigkeit und unbeschränkte Fahrleistung in den Vordergrund gerückt hatte, aber in Bezug auf das Elektromobil bald feststellen mußte, daß der elektrisch angetriebene Kraftwagen sich für diese beiden Ziele nicht eignete.

Als um die Jahrhundertwende die ersten elektrisch angetriebenen Fahrzeuge in Amerika und Frankreich auf der Bildfläche erschienen, glichen sie Pferdewagen ohne Pferde.

Der Antrieb des Elektromobils erfolgte damals fast ausschließlich durch zwei Motoren, die durch Ritzel und Zahnrad ihre Kraft auf die Räder übertrugen. Sowohl die Vorder- wie die Hinterräder wurden als Antriebsräder verwandt. Um jede Übersetzung und damit jedes Antriebsgeräusch auszuschalten, ging man noch einen Schritt weiter, indem man den Radnabenmotor konstruierte. Mit dieser Konstruktion war theoretisch zweifellos der vollkommenste Antrieb geschaffen, der tatsächlich ein lautloses Fahren sicherstellte und jede Übersetzung ausschaltete, aber die vielen praktischen Nachteile dieser Antriebsart konnten auf die Dauer nicht in Kauf genommen werden. Der langsam laufende Motor mit seinem großen Gewicht, ungefedert am Rad angebracht, führte sowohl im Energieverbrauch wie im Gummiverschleiß zu unwirtschaftlichen Verbrauchszahlen. Die Umständlichkeit bei Reparaturen sowie die hohen Herstellungskosten, verbunden mit der geringen Anpassungsfähigkeit an Steigungen, beschränkte die Produktion dieser an sich idealen Antriebskraft auf wenige Sonderfälle (z. B. Ferdinand Porsches benzin-

Die Hansa-Lloyd Werke gehörten seit ihrer Gründung zu den führenden Anbietern von Elektrowagen in Deutschland. Zeitweise produzierte Hansa-Lloyd genausoviele Elektro- wie Benzinfahrzeuge.
Der Hansa-Lloyd Elektrowagen verstand sich niemals als eine Konkurrenz des Benzinlastwagens sondern als dessen Ergänzung.
Die Zeit vor dem Ersten Weltkrieg war gekennzeichnet durch ein ständiges Anwachsen der Benzinpreise, bei gleichzeitigem Sinken der Preise für elektrischen Strom. Das machte den Einsatz von Elektromobilen aus volkswirtschaftlichen Gründen attraktiv!

Ein weiterer Vorteil des Elektromobils lag in seiner einfachen Bauart: der Elektromotor erzeugte unmittelbar rotierende Bewegung, welche sich in einfachster Weise auf die Wagenräder übertragen ließ. Das Elektromobil bestand nur aus Motor, Batterie und dem Fahrgestell, Kupplung und Schalthebel fielen dort, wodurch die Bedienung außerordentlich erleichtert wurde. Lange Lebensdauer und niedrige Unterhaltungskosten waren weitere Vorteile des Hansa-Lloyd Elektromobils.

elektrische Trains, die während des Ersten Weltkriegs bei der österreichischen Armee im Einsatz waren).

Eine Reihe störender Begleiterscheinungen des Zweimotorenantriebs in Verbindung mit der hohen Entwicklung, die das Differentialgetriebe im Benzinwagenbau im Laufe der Jahre genommen hatte, veranlaßte die Konstrukteure der elektrischen Wagen zum Einmotoren-Antrieb überzugehen und die Erfahrungen des Benzinfahrzeugs immer mehr zur Grundlage für die Herstellung elektrischer Wagen zu machen.

So entstand nach dem Ersten Weltkrieg, da während des Krieges der Bau elektrischer Automobile fast völlig ruhte, die sog. »Normaltype«, die als Antriebsorgan nur einen Motor aufwies, der genau wie beim Benzinfahrzeug durch Differentialgetriebe, entweder mittels Kardan oder Kette die Kraft auf die Vorder- oder Hinterräder übertrug.

Auch die Hansa-Lloyd Werke entschieden sich für diese Bauart, ja hatten sie maßgeblich mitentwickelt und eingeführt. Nirgendwo sonst in Deutschland lagen wohl so reiche Erfahrungen im Elektromobilbau vor wie in Bremen!

Die Hansa-Lloyd Elektromobile, egal ob Pkw oder Lkw, galten als billig im Betrieb und zuverlässig.

Ihr Motor war beim Rahmen aufgehängt und dadurch gegen Stöße durch die Federung des Rahmens geschützt.

In der elektromobilen Fahrpraxis wurden drei Vorwärts- und ein bis zwei Rückwärtsstufen angewandt, außerdem eine elektrische Bremsstellung, bei der der Motor kurzgeschlossen wurde und somit je nach der Tourenzahl des Motors eine mehr oder weniger starke Bremswirkung ausübte. Die übrigen Konstruktionsteile, wie Steuerung, Achsen, mechanische Bremsen, usw. wurden von Hansa-Lloyd dem Benzinwagenbau entnommen. Als Bereifung wurden für die Hansa-Lloyd Elektrolastwagen neben dem nur wenig elastischen Vollgummi mit den Jahren verstärkt Luftreifen verwandt.

Die Lebensdauer der Luft-Pneus war angesichts des »Schneckentempos« des elektrischen Hansa-Lloyd Lkw von 12 bis 20 km/h sehr hoch. So ergab sich in Großbetrieben wie der Reichspost, daß bis zu 20 000 km ohne jegliche Panne gefahren werden konnte – beim seinerzeitigen technologischen Stand der Reifenfertigung ein beachtliches Ergebnis.

Die Batterie machte den bedeutendsten Gewichtfaktor der Hansa-Lloyd Elektrowagen aus. Hansa-Lloyd-Direktor H. S. Meyer schrieb dazu in der »Elektrotechnischen Zeitschrift« (Heft 33/1925):

»So wie über das Wesen des elektrischen Kraftwagens im allgemeinen eine oft erstaunliche Unkenntnis vorherrscht, so ist sie über die Batterie im besonderen Maße vertreten und hat leider viel dazu beigetragen, daß dem Elektrokraftwagen oft die ernstere Betrachtung und die ernstlich zu beachtende Wirtschaftlichkeit versagt wurde... Irrtümer oder Fehlgriffe, wie sie zur Entstehungszeit des Elektromobils vorkamen, sind längst überwunden. Heute steht fest: ›Das Verhältnis des Eigengewichts des Wagens zur Nutzlast sowie des Batteriegewichts zur Nutzlast ist am günstigsten, je geringer die geforderte Höchstgeschwindigkeit des Wagens ist.‹ ... Dabei darf als wirtschaftlicher Aktionsradius mit einer Batteriefüllung eine Fahrstrekke von etwa 50 bis 60 km angenommen werden.«

Das Batteriegewicht betrug bei den Hansa-Lloyd Elektrolastwagen etwa ein Sechstel vom Gewicht des Wagens mit Nutzlast.

Neben niedriger Instandhaltungsquote und längerer Fahrdauer des Fahrgestells gegenüber dem Benzinwagen zeigte das Hansa-Lloyd Elektromobil auch – wie die Bremer Automobilbauer behaupteten – *»eine günstigere Ausnutzung der dem Fahrzeug zugeführten Energie.«*

Für die Hansa-Lloyd Werke stellten sich die Verbrauchsziffern an Betriebsstoff wie folgt:

Elektrowagen: Mit 1 kw/h können 5–6 Nutztonnenkilometer geleistet werden.

Benzinwagen: Mit 1 Liter Benzin oder Benzol können rund 8–9 Nutztonnenkilometer geleistet werden.

Es steht dann der Preis für 1 kw/h elektrischer Energie gegenüber dem Preis von 1 Liter Benzin oder Benzol, das heute für gewerbliche Zwecke etwa 35 Pfg. kostet. Bei einem Strompreis von 22,5 Pfg. pro kw/h würden also die Kosten Betriebsstoff in beiden Fällen gleich sein. In vielen Fällen düfte jedoch die kw/h billiger zu haben sein, vor allem dort, wo Wasserkraft oder sogen. Abfallenergie ausgenutzt werden kann. ...«

Diese Argumente überzeugten, wie aus der Statistik des Deutschen Reichs über den Bestand der Kraftfahrzeuge im Jahre 1923 hervorging. Demnach erfolgte zwar der Antrieb des größten Teils der Kraftwagen durch Verbrennungsmaschinen, und zwar bei Personenwagen von 99%, bei Lastwagen zu 97%; jedoch hatte

Seite 46, oben: Hansa-Lloyd Elektroschlepper im Einsatz bei den Geestemünder Eiswerken, die u. a. die Fischauktionshallen belieferten.
Seite 46, unten: Hansa-Lloyd Elektromobile der Reichspost vor 1914. Oben: Hansa-Lloyd Elektrolastwagen im Einsatz in Bremen.

bei beiden die Verwendung von Elektromotoren gegenüber dem Vorjahr relativ stärker zugenommen als die der Spritmotoren.

Für das Deutsche Reich gab die Statistik 1102 (746 im Vorjahr) Elektrovehikel an, das waren von im ganzen 100340 Personenwagen allerdings nur 1%, während 99221 Wagen (81935 i.V.) mit Verbrennungsmotoren arbeiteten.

Diese Ziffern berücksichtigten nicht die namhaften Bestände der Reichspost, die über 1000 Elektromobile in ihrem Fuhrpark hielt. Auch die Elektro-Transportkarren wurden nicht in dieser Statistik registriert, zumal diejenigen nicht, die ohne Zulassungsschein und Nummer nur im Innendienst der Werke arbeiteten.

Neben der schweren Batterie und dem begrenzten Aktionsradius mit einer Batterieladung machte man dem Elektrowagen stets auch den Vorwurf, nicht für bergiges Gelände einsetzbar zu sein. Darüber gibt es folgendes zu bemerken: Die Fähigkeit, Steigungen zu überwinden, hing von der Überlastungsfähigkeit des Antriebsmotors und der zulässigen Entladestromstärke der Batterie ab. Soweit beide stark genug ausgelegt waren, stand also einer Verwendung des Elektrowagens im hügeligen Gelände nichts im Wege.

Bei Ablieferung ihrer Fahrzeuge machten die Hansa-Lloyd-Verkäufer ihre Kunden auf die begrenzte Steigfähigkeit aufmerksam. So ging im Januar 1925 ein Hansa-Lloyd Elektrofahrzeug vom Typ CL 5 zu den Eschebachschen Werken, Dresden-Radeberg. Der Betrieb schrieb im Sommer d.J. nach Bremen: »*Wir nehmen Bezug auf den seinerzeit gepflogenen Briefwechsel betreffs Anschaffung eines Elektromobils zur Beförderung von Rohstoffen und Waren von unserem Dresdner nach unserem Radeberger Werk bzw. umgekehrt. Durch die Verhältnisse waren wir gezwungen, gestern ein besonders schweres Stück (einen Eisschrank mit Maschinenkühlung im Gewicht von etwa 20 Zentnern) auf schnellstem Wege nach Radeberg zu befördern. Die Probe ist über alle Erwartungen günstig ausgefallen. Nicht nur die Beförderung ging rasch vonstatten, auch die starken Steigungen sind spielend leicht überwunden worden.*«

Soweit mochten die Hansa-Lloyd Werke nun doch nicht gehen und bescheinigten nur eingeschränkte Steigfähigkeit. Zu den größten Abnehmern von Hansa-Lloyd-Elektrofahrzeugen gehörten die städtischen Fuhrparks. Bei diesen kamen im allgemeinen nur Ortsfahrten mit häufigem Halten und Wiederanfahren in Betracht, wozu das Elektrofahrzeug besonders geeignet war. Es war einfach und leicht zu bedienen, fuhr geruch- und geräuschlos, hatte eine gute Wendigkeit, vertrug vorübergehend selbst starke Überlastung und verbrauchte auch bei kurzem Stillstand keine Leerlaufenergie. Geschwindigkeit und Aktionsradius waren für den Ortsverkehr völlig ausreichend. Wirtschaftlich war das Elektrofahrzeug dem Pferdegespann und bis zu einem gewissen Grade auch dem Benzinwagen überlegen. Durch Ladung der Batterie mit dem billigeren Nachtstrom oder dem in einer Müllverbrennungsanstalt (!) selbst erzeugten Strom konnten die Betriebskosten auf ein Minimum gesenkt werden. Ein fühlbarer Verschleiß trat nur bei der (teuren) Akkumulatorenbatterie und der Gummibereifung ein.

Das erste dem Fuhrpark Düsseldorf Ende 1912 gelieferte Hansa-Lloyd-Elektrofahrzeug, eine Asphaltstraßenwaschmaschine, arbeitete auch 15 Jahre später immer noch regelmäßig *»zur vollsten Zufriedenheit«*, wie die Hansa-Lloyd Werke in ihrer Werbung betonten, *»und wird voraussichtlich noch viele Jahre betriebsfähig bleiben«*.

Ihre Bewährung schafften Anfang der 20er Jahre auch die einmotorigen Hansa-Lloyd Elektroschlepper (Zugwagen), die mit verschiedenen Anhängern bei der Müllabfuhr, Straßenbesprengung, Koks- und Kohlentransport etc. eingesetzt wurden. Auch ihre Verwendung bei Schneefall in Verbindung mit einem Vorbau- und Anhängeschneepflug wurde erprobt.

Schon 1915 setzte die städtische Straßenreinigung in Altona Hansa-Lloyd Vorspannwagen, die eine Last von 5–8000 kg fortbewegen konnten, ein. Einen guten Ruf hatten die Hansa-Lloyd Straßenreinigungsmaschinen vor dem Ersten Weltkrieg auch in Wilmersdorf, Charlottenburg, Leipzig und Bremen.

Die Hansa-Lloyd Werke, die damals ihre Fahrzeuge allesamt noch mit Vorderradantrieb ausstatteten, gehörten zu diesem Zeitpunkt zu den führenden Anbietern von Elektrofahrzeugen.

Als Lastwagen war in der wilhelminischen Zeit besonders der Hansa-Lloyd Elektrowagen für 3–4 Tonnen Nutzlast gefragt, von dem man etwa in Hannover eine große Anzahl im Dienst dortiger Großbetriebe (Brauereien, Speditionen) arbeiten sah.

Während des Ersten Weltkriegs kam das Geschäft mit Elektromobilen vollständig zum Erliegen, weil die Militärs aus Gründen des Aktionsradius und besserer Anpassung an die Geländeverhältnisse, also militärstrategischen Gründen, die Automobilindustrie zur Produktion von Benzinwagen veranlaßten.

Erst im vorletzten Kriegsjahr gab das Kriegsministerium selbst der deutschen Automobilindustrie 1000 Elektrolastwagen in Auftrag, um den einheimischen Fabrikbetrieben die dringend benötigten Lkw zuzuführen. Die Versorgung mit Elektrizität, gewonnen aus der Kohle oder aus den in großem Maße zur Verfügung stehenden Wasserkräften war auch in Zeiten größter Not und wirtschaftlichen Niedergangs möglich gewesen.

Vorteile des elektrischen Wagens

1. Das Elektromobil fährt geräusch- und geruchlos, was im Straßenverkehr einer Großstadt nicht zu niedrig eingeschätzt werden sollte.

2. Die Betriebskosten für Elektromobile lassen sich mit größter Genauigkeit und Zuverlässigkeit im voraus bestimmen, abgesehen von der Frage, ob Elektromobilbetrieb verglichen mit Benzinbetrieb unter allen Umständen teurer oder billiger sei, liegt für wirtschaftliche Unternehmungen ohne weiteres ein großer Vorteil darin, daß mit einer ganz bestimmten Höhe von Unkosten gerechnet werden darf.

3. Die Amortisationsquote für das Elektromobil braucht höchstens 10–15% zu betragen, während ein Benzinfahrzeug unbedingt mit 15–20% abgeschrieben werden sollte. Der Grund liegt darin, daß beim Elektromobil einmal Batterie und Bereifung einer Qualitätsverminderung überhaupt nicht unterliegen, da sie periodisch vollkommen erneuert werden, und daß ferner das Elektromobilchassis mit seiner einfachen Maschinerie auf Grund einer geringen Instandhaltungsquote fortlaufend so unterhalten werden kann, daß es qualitativ auf einem gewissen normalen Zustande bestehen bleibt.

(aus: Allgemeine Automobilzeitung, Nr. 50, 1909)

Lloyd-Elektrowagen für die Reichspost

Ganz besonders reizte die Namag die Aufgabe, für den Postfuhrbetrieb und ähnliche Unternehmungen ein elektromobiles Fahrzeug zu schaffen, das in allen Städten geeignet sein solte, den Pferdebetrieb zu ersetzen.

Schon im Dezember 1907 erhielt die Namag den ersten Auftrag von der »Oberpostdirektion Cölln« über zwei elektrische Postwagenchassis für Briefträgerbeförderung.

Bei dem großen Mißtrauen, daß gegenüber derartigen technischen Daten bestand, konnte die Namag eine Lieferung nur durchsetzen, indem sie gleichzeitig eine zehnjährige Unterhaltungsgarantie übernahm. Der Absatz entwickelte sich günstig, so daß im Jahre 1909 ein Auftrag auf weitere 25 derartige Wagen mit einer Tragfähigkeit von 1000 kg von der Oberpostdirektion erfolgte.

Wegen der *»Eigenart des Elektromobils«* sah die Namag in den langfristigen Verträgen kein Risiko, denn – so das Bremer Unternehmen – *»das Elektromobil kann einschließlich Batterie und Bereifung durch Aufwendung einer erfahrungsgemäß festliegenden Unterhaltsquote fortlaufend so in sich erneuert werden, daß eine Verschlechterung seines Gütezustandes und damit eine Erhöhung des Kraftverbrauchs nicht eintritt.«*

Im übrigen konnte mit der dänischen Post ein weiterer Kunde geworben werden.

Der Krieg hatte dann zur Folge, daß die Instandhaltungsverträge gelöst werden mußten, da es der Namag nicht mehr möglich war, die nötigen Gummireifen zu besorgen und Wagen mit Eisenbereifung, also federnden Rädern, während des Krieges benutzt werden mußten. Daß die Namag-Elektrowagen selbst diese bei der Konstruktion nicht vorgesehene harte Belastungsprobe bestanden, wurde als weiterer Beweis für die Belastungsfähigkeit der elektrischen Postfahrzeuge aus Bremen angesehen.

Während des Ersten Weltkriegs ruhte naturgemäß die weitere Einführung von Automobilen in den Postbetrieben, jedoch wurden schon Anfang 1919 Verhandlungen aufgenommen, die dazu führten, daß im Dezember 1919 sieben Elektrofahrzeuge von 2200 kg Tragkraft an die Oberpostdirektion Leipzig zur Ablieferung gelangten. Die Erfahrungen, die mit den früher gebauten Fahrzeugen gemacht worden waren, wurden bei diesen Neulieferungen berücksichtigt, längst waren die Entstehungskosten für die Hansa-Lloyd-Elektrofahrzeuge derartig angewachen, daß 1923 in der Inflation mit Preisen von cirka 160000 MK Selbstkosten gerechnet wurde, d. h. etwa das 15fache des Friedenswertes vor dem Ersten Weltkrieg. Ständig hatten die wachsenden Materialpreise und Löhne weitere Erhöhungen der Gestehungskosten zur Folge. Trotzdem versuchte die Namag zu belegen, daß selbst diese erhöhten Anschaffungskosten in Verbindung mit den wesentlich höheren Unterhaltungskosten, die sich 1923 auf etwa 5 Mk. pro Kilometer beliefen, gegenüber dem Pferde-, zumal dem Benzinwagenbetrieb eine wesentliche Ersparnis ergab.

Vor allem die Reichspost deckte sich in Bremen mit elektrisch betriebenen Zustellwagen ein, die sich als sparsam und dauerhaft erwiesen. Zu hunderten verdrängten die »Akkumulatorenwagen« die Postpferde im Paketdienst und gehörten bis weit in die dreißiger Jahre zum Straßenbild aller großen deutschen Städte.

Seite 50: Elektrolaster mit speziellem Postaufbau Mitte der zwanziger Jahre. Links: Elektromobil aus der Vorkriegszeit, wie es aber noch bis in die dreißiger Jahre bei der Reichspost im Einsatz war.

Unten: Das erste Lloyd-Elektromobil der Post vor der Berliner Namag-Vertretung bevor es der kaiserlichen Oberpostdirektion Berlin übergeben wurde.
Seite 53: Elektrokarren von Hansa-Lloyd, den der Norddeutsche Lloyd u. a. zum belästigungsfreien Laden verderblichen Proviants in Bremerhaven einsetzte.

Dementsprechend orderte die Reichspost auch weitere Elektrofahrzeuge und ersetzte in allen größeren Städten allmählich den Pferdebetrieb durch Elektromobilfahrzeuge. 1938 verzeichnete die Reichspost mit 2648 Elektrowagen ihren höchsten Bestand. Wieviele davon aus der Bremer Produktion stammten, läßt sich aufgrund der bruchstückartigen Quellenlage nicht mehr nachweisen. Fest steht, daß die Namag und die aus ihr hervorgegangenen Hansa-Lloyd Werke bald in scharfen Wettbewerb mit weiteren Lieferanten gerieten, vor allem der Fa. Adolf Bleichert, Berlin-Leipzig und der Bergmann-Elektrizitätswerke AG, Abt. Automobilbau, Berlin.

Sie alle wollten sich ihr Stück aus dem großen »Motorisierungskuchen« der Reichspost schneiden, die rigoros den Hafermotor durch die transportable Elektrizität ersetzte. Standen bei den RPD Berlin 1924 z. B. noch 1000 Pferde in den Ställen des Berliner Postfuhramtes (betreut von 850 Postillionen), so wurden in denselben Räumen 1925 360 Elektrowagen untergebracht und gewartet! Es handelte sich weitgehend um Ein- und Zweitonner, die sich vom Aufbau her kaum unterschieden. Die Post stellte Normen für ihre Elektrowagen auf, um mit der Vereinheitlichung der Betriebsmittel gleichzeitig die Erwerbskosten zu senken.

Die Namag bzw. die Hansa-Lloyd Werke sahen im »sauberen Antrieb« der Elektrofahrzeuge keine Konkurrenz, sondern eine sinnvolle Ergänzung zum Verbrennungsmotor. Deshalb widmete man sich in Bremen neben der Konstruktion und dem Bau der elektrischen Fahrzeuge stets auch dem »brennstoffschluckenden« Motorwagen.

Das erste Lloyd-Post-Elektromobil der Namag

Die Chassis der ersten Briefpostwagen für dic Kaiserliche Oberpostdirektion in Berlin von 1909 – drei weitere Fahrzeuge führten seit Jahresfrist einen Probebetrieb durch – waren nach dem alten System »Kriéger« gebaut. Der Antrieb erfolgte durch zwei schnellaufende Motoren, welche mittels einer Zahnradübersetzung auf die Vorderräder wirkten. Diese Übersetzung machte es möglich, den Motor selbst bei langsamer Geschwindigkeit der Fahrzeuge, wie sie im Straßengetriebe Berlins mit seinen vielen Pferdefuhrwerken häufig eingehalten werden mußte, mit einer relativ hohen Tourenzahl laufen zu lassen. Hierdurch wurde ein hoher durchschnittlicher Wirkungsgrad der Motoren erzielt, was auf Stromverbrauch und Batteriebeanspruchung einen günstigen Einfluß ausübte. Der vordere Antrieb erwies sich auf nassem Asphalt als zuverlässig, da er die Gefahr des Schleuderns erheblich verminderte.

Die Geschwindigkeit der Namag-Wagen war auf max. 20 km/h begrenzt, womit die Wagen unter die ermäßigten Bedingungen des Haftpflichtgesetzes fielen, welche bei diesem »Schneckentempo« Gültigkeit besaßen.

Die ersten drei von der Namag gelieferten Probewagen besaßen eine Batterie von 195 Amp./Std.-Kapazität, so daß der theoretische Aktionsradius 98,5 km betrug. Da aber in der Praxis durch häufigeres Anfahren, Bremsen verstärkt »Saft« aus der Batterie abgezogen wurde, konnte diese km-Quote nie voll ausgefahren werden.

Hansa-Lloyd gehörte gemeinsam mit den Firmen Siemens, Bergmann und Bleichert zu den führenden Arbeitern von elektrischen Transportkarren. Bei der Post, im Stückgutverkehr der Bahn, in Bergwerken, Lagerhäusern und in städtischen Fuhrparks ersetzten sie seit dem 1. Weltkrieg die schwerfälligen Rollkarren, Handwagen und Loren.

Die Hansa-Lloyd Transportkarren

Zwischen Regensburg und Nürnberg liegt in der Oberpfalz der Ort Parsberg, 1925 noch ein verträumter Marktflecken mit 1195 Einwohnern, die dort ein geruhsames Leben führten.

Die Post in Parsberg stellte einen Hansa-Lloyd Elektrotransportkarren in Betrieb, um die Postpakete vom und zum Bahnhof zu befördern. Das wirkte unter den Parsberger Pferdefuhrwerksbesitzern wie ein Funke im Pulverfaß. Waren nicht Pferde und Wagen genug in Parsberg, die diese Aufgabe hätten übernehmen können?

Einer der empörten Fuhrherren von Parsberg schrieb dem »Parsberger Anzeiger« (Nr. 86 vom 17. April 1925) einen geharnischten Protest, der bewies, daß die Parsberger Fuhrherren sich ebenso mit dem Automobilismus wie mit der deutschen Sprache auf Kriegsfuß befanden. Er forderte die Rückkehr zur »Einspanner-Kariolpost«, in diesem Fall durchaus nicht romantisch, sondern rein geschäftlich begründet:

»Aus dem Parsberger Bezirk, 16. April. Um Aufnahme folgenden Artikels werden wir ersucht: Seit mehreren Wochen befördert man beim Postamte Parsberg von und zur Bahn die Sachen mit einem elektrisch betriebenen Autopostkarren. So sehr diese Neuerung zu begrüßen wäre, so unpraktisch und nicht minder sicherheitsgefährlich (!) ist der Betrieb dieser Karren, da das Gelände für ein solches Vehikel das denkbar ungünstigste ist. Auch die Bedienung dieses Fahrzeuges ist eine komplizierte (!), so daß dieselbe höchstens von einem geschulten Chauffeur, aber nicht von den Postschaffnern gemacht werden kann. Solche Fahrzeuge eignen sich nicht für das flache Land, sondern nur für die Städte und wäre es der Wunsch des Bezirkes, uns mit solchen verkehrsstörenden Vehikeln (!) verschonen zu wollen. Dann ist auch der Antrieb mit elektrisch geladenen Batterien viel zu teuer, da das Laden der Batterien schon allein mehr kostet, als mit dem ganzen Karren verdient wird. Warum diese kostspieligen Probeexperimente, von denen jeder Laie weiß, daß sie in unsere Verhältnisse nie passen! Kehre man doch wieder zur Einspänner-Kariolpost zurück; dieselbe kommt gewiß bedeutend billiger und man hat auch die Gewißheit, daß dieselbe funktioniert.«

Trotz des Zorns der Parsberger Fuhrwerksbesitzer fühlte sich die Parsberger Post nicht veranlaßt, den im Postbetrieb in seiner Wirtschaftlichkeit schon tausendfach erprobten Hansa-Lloyd Elektrotransportkarren wieder abzuschaffen.

Neben der Post wurde der Hansa-Lloyd Transportkarren auch in großen Stückzahlen in Großbetrieben auf deren Fabrikhöfen eingesetzt sowie mehr und mehr als Lieferwagen. Die geringen Anschaffungskosten und Betriebsmittel sowie die beachtliche Tragfähigkeit des kleinen Fahrzeugs machten es zum billigsten 1½-Tonner-Lastwagen.

In Bremen liefen zahlreiche Fahrzeuge für den Zeitungsbetrieb, im Hafen und bei der Reichsbahn. Sogar als rollende Würstchenbude war der Hansa-Lloyd Transportkarren unterwegs. Die Aufbauten des Transportkarrens ließen sich leicht in jeder Form anbringen. Viele Kunden ließen den gewünschten Sonderaufbau

Rechts: Hansa-Lloyd Elektrokarren zur Personenbeförderung während der Leipziger Messe. Rechte Seite: Elektrische Würstchenbude von Hansa-Lloyd vor dem Bremer Hauptbahnhof. In den zwanziger Jahren war dies der auffälligste Beitrag des Bremer Werks zum Straßenbild.

zum Teil selbst anfertigen. Vielfach wurden nur eine verbreiterte Plattform oder nur die Seitenwände vorgesehen und der ganze Kasten dann zum Schutz gegen Regen mit einer Segeltuchplane abgedeckt.

Fenster waren unnötig, im Bedarfsfall wurden Entlüftungsklappen vorgesehen. Eine große Margarinefabrik hatte noch einen Eisschrank an der Vorderwand einbauen lassen.

Auch für die Personenbeförderung wurde der Elektrokarren ab Sommer 1924 eingesetzt, so z. B. in einer Krankenanstalt. In diesem Fall waren natürlich glatte Wege vorhanden; für den Transport auf schlechterem Pflaster wurde ein besonders federndes Gestell auf der Plattform angebracht, auf das die Bahnen gelegt wurden.

Die Hansa-Lloyd »Elektro-Zwergbusse« zeigten auch auf Messen und Ausstellungen, was in ihnen an Leistungsreserven steckte.

Die großen Messen bedeckten in vielen Fällen ein so weites Gelände, daß zwischen dem Eingangstor und der letzten Ausstellungshalle ein kilometerlanger Weg lag. Ein Rundgang durch alle Ausstellungen einer internationalen Messe wie in Leipzig oder Berlin nahm einen vollen Tag oder zwei in Anspruch und erstreckte sich über zwanzig bis dreißig Kilometer. Diese Tatsache veranlaßte die Veranstalter, Mittel und Wege zu suchen, die die zahlreichen Ausstellungshallen einander näher brachten sowie Energie- und Zeitverluste der Besucher aufhoben. Die Anlage einer Ringbahn hatte sich nicht bewährt, da die Abhängigkeit vom Schienenstrang keine Beweglichkeit der Verkehrslinie zuließ, wie es zur Bewältigung des Besucherstroms notwendig gewesen wäre. Auch die Einrichtung von Autoverkehrslinien erwies sich in vieler Hinsicht als unzweckmäßig, in der Hauptsache infolge schlechter Manövrierfähigkeit bei starker Belastung durch Auspuffgase und der umständlichen Art des Ein- und Aussteigens.

Erstmals wurden Elektrowagen 1924 bei der Londoner Wembley-Ausstellung eingesetzt. Jedes Fahrzeug wies bequeme Sitzgelegenheit für acht Personen auf. Ein Autoverdeck schützte vor der Witterung. Der Einstieg war bequem und einfach. Mit diesen Zwergomnibussen konnte die Ausstellungsleitung jedem Ansturm der Besucher entgegentreten und ihn individuell bedienen. In Deutschland war zum ersten Mal auf der Leipziger Frühjahrsmesse 1925 ein solcher Elektro-Zwergomnibus auf dem Stand der Hansa-Lloyd Werke zu sehen. Die Leitung der Leipziger Messe griff die Idee sofort auf. Die leichte Manövrierfähigkeit, die große Fahrsicherheit (leichtes, sanftes Anfahren, sofortiges Halten, große Wendigkeit), und nicht zuletzt auch die geruch- und fast geräuschlose Fahrweise mit elektrischer Energie brachten diesem neuartigen Vehikel bei allen Versuchsfahrten Lob und Anerkennung.

Die Versuche auf der Leipziger Messe machten vierzehn Tage später auf der Kölner Herbstmesse Schule. Hier wurden vier Hansa-Lloyd Zwergomnibusse zugelassen. Durch die Anpassung des Fahrdienstes an den jeweiligen Besucherzustrom und dessen Bewegungsrichtung war es möglich, mit diesen vier kleinen Fahrzeugen im achtstündigen Dienst mehr als 4 600 Personen zu ihrem Ziel zu bringen. Diese hohe Inanspruchnahme der Elektro-Zwergomnibusse bewies die Zweckmäßigkeit und hohe Leistung der Fahrzeugwinzlinge aus Bremen. Die Zwergomnibusse fuhren im »beschleunigten Fußgängertempo« auf allen Hauptwegen des Ausstellungsgeländes, sowohl auf der gepflasterten Straße, als auf den Fußgängersandwegen.

Die Eignung des Hansa-Lloyd Elektrokarrens zur Passagierbeförderung rief großes Interesse hervor. Aus Kurorten, Sanatorien, von Hotels, Parkbesitzern und von Inhabern von Ausflugslokalen gingen Bestellungen für diesen Kleinomnibus ein. Mit einer Batteriefüllung von nur zehn Kilowatt, die etwa 2,50 M. Stromkosten erforderte, legte der Zwergomnibus, mit zwölf Personen besetzt, mehr als 40 Kilometer zurück.

Für das Hotelgewerbe war interessant, daß der Hansa-Lloyd Zwergomnibus nicht nur max. zwölf Personen beförderte, sondern in der Lage war, gleichzeitig auf einem Anhänger Gepäck bis 1000 kg Gewicht mitzuführen.

In städischen Fuhrparks wurden zahlreiche Hansa-Lloyd Elektrokarren eingesetzt, zur Sammlung und Abfuhr des Straßen- und Marktkehrrichts. Auch zur Schneeabfuhr, beim Sandstreuen und für Gerätetransporte zog man den Karren heran.

Die »Bremer Nachrichten« meldeten in ihrer Ausgabe vom 17. Januar 1925:

»Wie die Deputation für Häfen und Eisenbahnen berichtet, haben die drei vor einigen Monaten für den Hafenbetrieb beschafften

Der elektrifizierte Wurst-Max.

O Wurst-Max, Deine faden-
  schein'ge Pracht
Ist längst vernichtet von des
  Schicksals Tücke.
Wie glänzte Dein Monokel Nacht
  für Nacht
Einst magisch auf der Weiden-
  dammer Brücke!

Heut ist selbst Dein Geschäft
  motorisiert.
Ein neuer Wurst-Max hat mit
  stolzer Miene
den Hansa-Lloyd-Elektro
  karossiert
als komfortable Bockwurst-
  Limousine.

O Mitmensch, hast Du Dich
  schon angepaßt?
Auch Dein Betrieb muß sich
  motorisch wandeln!
Freund, wenn Du heute nicht ein
  Auto hast,
Dann kannst Du nicht mal mehr
  mit Würstchen handeln!

Monaten für den Hafenbetrieb beschafften Hansa-Lloyd Elektrokarren sich als außerordentlich brauchbar erwiesen. Sie sind mit Erfolg benutzt worden zum Transport der Last von den Kranen in die Schuppen und umgekehrt, sowie zum Bewegen der Ware in den Schuppen und von dort in die Eisenbahnwagen. Die Bremer Lagerhaus Gesellschaft beantragte daher die Beschaffung von weiteren zwölf Elektrokarren.«

Im gleichen Jahr richtete übrigens das städtische Elektrizitätswerk Bremen eine öffentliche Ladestelle für elektrische Kraftfahrzeuge ein. Die Gebühren waren so niedrig, daß die Ladung hier billiger war als bei Selbstladung. Über den Grad der Auslastung ist leider nichts bekannt.

Bei den großen Schneefällen im März 1925 wurde der Hansa-Lloyd Elektrokarren mit Schneepflug von der Straßenreinigung Hamburg ausprobiert. Der Karren bewährte sich und mußte im Sommer auch auf den Bürgersteigen tätig werden. Bei dieser Arbeit erhielt der Karren vier Räder mit Doppelbereifung. War das Schneepflügen beendet, wurden diese doppeltbereiften Räder abgenommen, die einfach bereiften Räder wurden angesteckt, und nun lief der Karren entweder als Transportkarren oder mit einem Kippkasten auf der Plattform zur Räumung des zusammengeschobenen Schnees.

Der Elektrokarren: sein Aufbau und Betrieb

Die manuelle Art der Bewegung von Lasten war schon zu wilhelminischen Zeiten nicht billig, sollte sich aber in der Kriegszeit des Ersten Weltkrieges, als die jungen Arbeiter zur Front berufen wurden und Arbeitskräftemangel herrschte, als vollkommen unrentabel erweisen. Schließlich zogen die Elektrokarren sechsmal mehr Last als ein Handkarren und dies dreimal so schnell. Dabei war der Strom-Verbrauch so gering, daß eine Ersparnis von 25 bis 50 Prozent erzielt wurde (Allgemeine Automobil-Zeitung, Nr. 34/1916).

Zu einer Serienfertigung von Elektrokarren kam es in Deutschland erst in republikanischer Zeit. Zuvor versuchte man in Fabrikanlagen den Innenverkehr durch ein ausgedehnteres Schmalspurnetz zu verbessern, wo Lasten auf Loren oder handlichen Kippwagen durch eine Arbeitskraft verschoben werden konnten.

Hier bot sich in dem neuen Erzeugnis des Elektrofahrzeugbaus, dem Elektrokarren, nicht nur ein vollwertiger, sondern ein überlegener Ersatz, der seine vielseitige Verwendbarkeit auch unter den schwierigsten Betriebsverhältnissen bewies.

Der Hansa-Lloyd Elektrokarren war ein elektrisch durch Akkumulatorenbatterie betriebenes Fahrzeug mit niedriger, ca. 600 mm hoher und 1 × 2 m großer Ladeplattform, das von einem Bedienungsstand aus in jeder Bewegungsrichtung, vor- und rückwärtsfahrend, leicht gesteuert werden konnte. Der Fahrer stand dabei auf zwei voneinander unabhängigen Fußtritten, von denen einer durch eine Rückstellfeder den Fahrschalter blockierte, so daß beim Abspringen des Fahrers das Fahrzeug sofort zum Stehen kam.

Auf diesen Fußtritten stehend, wovon der zweite die Betätigung einer Signalglocke ermöglichte, handhabte der Fahrer zwei Steuerhebel, von denen der eine auf die Schaltwalze des schon erwähnten Fahrschalters, der andere auf die Achsschenkel der Lenkachse wirkte. Die zweite Achse war Triebachse und wurde durch den aus der Sammlerbatterie gespeisten Hauptstrommotor durch Zahnrad mit Innenverzahnung angetrieben. Die Batterie war unter der aufklappbaren Plattform zwischen den beiden Achsen untergebracht. Die Spannung war so gewählt, daß zwei Batterien hintereinander an jedem Gleichstromnetz von 110 Volt aufgeladen werden konnte. Die Batterie war ohne Zeitverlust austauschbar, damit der Karren während der Ladezeit nicht aus dem Betrieb gezogen zu werden brauchte.

Der Karren erforderte naturgemäß feste Fahrwege, war aber durch seine Vollgummibereifung und kräftige Abfederung in Maßen auch gegen schlechtes Kopfsteinpflaster unempfindlich. Seine Beweglichkeit ermöglichte selbst das Befahren enger Werkstättenräume, sofern die Hauptgänge der Karrenbreite entsprachen. Durch Ansetzen einer Laderampe konnte der Transport unter Zuhilfenahme von Transportkästen und des »Schildkröte«-Hubwagens noch weiter vereinfacht werden.

Das Anwendungsgebiet des Karrens war überall dort, wo es galt, die vorkommenden Transporte maschinell statt durch Muskelkraft auszuführen: in Handelshäusern aller Art, Fabriken, Häfen und Speicheranlagen, Ziegeleien, Hüttenwerken, usw. Durch zweckentsprechende Aufbauten einfachster Art ließ sich die Plattform für Transportgüter aller Art herrichten; eine Einrichtung zum Kuppeln mit Anhängern gestattete bei leichten oder sperrigen Gütern die restlose Ausnutzung der Zugkraft. Das große Adhäsionsgewicht des Fahrzeuges und das starke Anzugsmoment des Motors ermöglichten auch die Benutzung zum Rangieren von Eisenbahn- und anderen Fahrzeugen. Die Betriebskosten waren im Vergleich zu denen jedes anderen Transportmittels sehr gering, insbesondere, wenn billige elektrische »Abfall«-Energie oder Nachtstrom ausgenutzt werden konnte.

Hansa-Lloyd Elektrobus mit Drehschemellenkung. Es posieren für den Fotografen Vertreter der Presse und Senator H. S. Meyer.

Der Hansa-Lloyd Elektrobus

1926 wurde von dem Hansa-Lloyd Werk auf Grund der Erfahrungen mit dem Elektro-Postwagentyp ein elektrischer Akkumulatorenomnibus mit Niederrahmenfahrgestell für 23 Sitzplätze entwickelt.

Das betriebsfertige Eigengewicht mit Batterie war nur etwa 8 % höher als das eines mit Benzinmotor ausgerüsteten Omnibusses mit gleichem Fassungsvermögen. Die Geschwindigkeit betrug etwa 22 km/h, während der Aktionsradius je nach Größe der Batterie zwischen 50 und 60 km betrug. Voraussetzung war, daß dieser elektrische Omnibus nur dort eingesetzt wurde, wo keine großen Überlandstrecken zu befahren waren. Er sollte lediglich den Ersatz oder Vorläufer einer Straßenbahn in kleinen Städten bilden und ferner für die Einrichtung von Zubringerlinien, für die Verbindung von Haltestellen der Eisenbahn mit weiter entlegenen Orten oder ähnlichen Zwecken verwendet werden. In diesen Fällen war ein größerer Aktionsradius überhaupt nicht erforderlich, weil das Fahrzeug immer wieder zur Ladestation zurückkehrte. Das Auswechseln einer Batterie aber konnte in 5 bis 10 Minuten geschehen, so daß das Fahrzeug bei Benutzung von Wechselbatterien jederzeit und beliebig lange verwendungsfähig war.

Die Batterie befand sich vorn unter der Haube vor dem Busfahrer; sie mußte mittels eines Flaschenzugs hinein- und herausgehoben werden und wog 1000 kg!

Der Hansa-Lloyd Elektrobus war ausgesprochen kurvenbeweglich. Mittels Drehschemellenkung war es möglich, die Vorderräder nahezu quer zur Fahrtrichtung zu stellen und auf diese Weise auf der Stelle umzuwenden, ohne rückwärts zu fahren.

Das Herstellerwerk pries die Vorzüge des Modells wie folgt:

»1. *Geringe Betriebsstoffkosten*
2. *Geringe Instandhaltungskosten*
3. *Geringer Gummiverschleiß*
4. *Außerordentlich wenige, leicht zugängliche Schmierstellen*
5. *Leichte Auswechselbarkeit der Batterie und des ganzen vorderen Radsatzes mit Motor und Getriebe (elektrisches Pferd)*
6. *Vierradbremse derart, daß Vorder- oder Hinterräder stärker oder schwächer gebremst werden können, je nach Belieben des Führers.*
7. *Drehschemelsteuerung, Wenden auf der Stelle ohne rückwärts zu fahren.*
8. *Einfachste Handhabung, geräusch- und geruchlos, nicht feuergefährlich.*
9. *Unterstellung kann in jedem beliebigen Raum erfolgen.*

Oben: Prospekt für den Elektro-Einheits-Motorwagen.
Rechte Seite: Hansa-Lloyd Elektrobus mit Drehschemellenkung auf Sonderfahrt für den Fotografen. Das Fahrzeug wurde in Bremen nicht eingesetzt. Bekannt ist seine Verwendung in Neumünster.
Unten: Einheitswagen mit besonders langer Pritsche als Spezialfahrzeug für die Müllabfuhr.

10. *Große Betriebsbereitschaft, Sauberkeit des Antriebes.«*

Der Anschaffungspreis betrug 19 000 RM. Die gebaute Stückzahl dürfte sehr klein gewesen sein.

Der Elektro-Einheits-Einmotorwagen

Dieser Elektrowagentyp war vor allem bei der Müllabfuhr beliebt und wurde mit einem speziellen Aufbau für Mülltonnen geliefert, auf dem 40 Stück Platz fanden. Der Aktionsradius betrug etwa 60 bis 70 km mit einer Batterieladung von 28 Kilowattstunden.

Oft zu sehen waren auch Elektroeinheitswagen als Straßensprengwagen mit einem Wasserbehälter für 2 500 Liter. Auch hier betrug der Aktionsradius mit derselben Batterieladung 60 bis 70 km.

Der Elektroeinheitswagen zeichnete sich durch seine vielseitige Verwendungsmöglichkeit aus. Er bestand aus einem für alle Typen von Nutzfahrzeugen passenden einachsigen Vorderwagen, dem eigentlichen Zugwagen und dem starr, jedoch lösbar mit diesem verbundenen einachsigen Hinterwagen, der dadurch unabhängig von der Höhe über dem Boden wurde. Die Drehschemellenkung befähigte jedes Fahrzeug, auf der Stelle zu drehen.

Der Motor war starr und mit dem Ausgleichgetriebe gekuppelt. Der Antrieb der Vorderräder erfolgte mittels Rollenketten.

Die Aufladung der Batterie erfolgte auf dem Fahrzeug mittels Kabel und Ladestöpsel in 5–6 Stunden mit etwa 28 Kilowattstunden. Die Fahrtgeschwindigkeit betrug 12–20 km/h. Der Hansa-Lloyd Elektroeinheitswagen fand außer in den erwähnten Versionen als Müll- und Sprengwagen auch zahlreich Verwendung als Omnibus, Kohlenkipper und Schlepper (mit Vierradantrieb).

Elektrische Anlagen von Hansa-Lloyd

Ein wenig bekanntes Kapitel in der Geschichte der Hansa-Lloyd Werke ist neben dem Bau von Personen- und Nutzfahrzeugen die Fertigung von Lloyd-Dynamos und Lloyd-Elektromotoren im Dynamowerk. Diese bedeutende Abteilung des Bremer Unternehmens wurde schon in der wilhelminischen Zeit ins Leben gerufen und offerierte seine elektrischen Maschinen in Größen bis zu etwa 200 PS für alle gewünschten Stromarten, Spannungen und Tourenzahlen. Das Dynamowerk verstand es im Laufe seines Bestehens nicht nur, gut auf dem deutschen Markt Fuß zu fassen, sondern errang auch Verkaufserfolge im europäischen und überseeischen Ausland. Die Lloyd-Maschinen zeichneten sich durch solide, betriebssichere Bauart, guten Wirkungsgrad und hohe Überlastungsfähigkeit aus. Sie wurden von Behörden wie der Industrie eingesetzt.

In besonderem Maß gehörte auch die norddeutsche Werftindustrie zu den Hansa-Lloyd-Kunden. Zahlreiche Schiffsneubauten – vor allem für den Transatlantikverkehr – wurden mit Lloyd-Dynamos für die gesamte Licht- und Kraftanlage sowie den zahlreichen Antriebsmotoren für Hilfsmaschinen und Apparate ausgerüstet.

Naturgemäß wandte speziell der Norddeutsche Lloyd sein besonderes Interesse den Lloyd-Motoren zu; sämtliche Dampfer dieser Gesellschaft verfügten über Dynamos und Motoren des Hansa-Lloyd Dynamowerks.

Gepäck-Abtei

V.7338.

Nutzfahrzeuge von Hansa-Lloyd

Standen auch die Personenwagen der Hansa-Lloyd Werke in den zwanziger Jahren im Mittelpunkt des Publikumsinteresses, so waren die Bremer Werke doch vornehmlich eine Lkw-Schmiede. Die Nutzfahrzeuge sicherten dann später auch das Überleben des Markennamens »Hansa-Lloyd«, denn unter der Ägide von Carl Borgward blieben die erfolgreichsten Hansa-Lloyd-Lkw in der Produktion.

Hansa-Lloyd Schnelltransporter

Mit Nutzfahrzeugen begann der Bremer Automobilbau. Die Namag offerierte unter dem Markennamen »Lloyd« schon in der wilhelminischen Zeit Lastwagen. Nach dem Zusammenbruch Deutschlands und dem Frieden von Versailles war der Rüstungsboom vorbei und Hansa-Lloyd mußte sich einen neuen Markt aufbauen. Zusammen mit Brennabor, Hansa und der NAG. einigte man sich auf eine gestraffte Angebotspalette, was dazu führte, daß Hansa-Lloyd auf dem Nutzfahrzeugsektor die leichten Lastwagen und Elektrofahrzeuge fertigte, Brennabor ganz leichte Lieferwagen produzierte und aus Berlin-Oberschöneweide die schweren »Straßenelefanten« der NAG. kamen. Die »GDA« teilte sich die Produktion nach folgendem Schema auf:

¾ to Brennabor
1 to Brennabor
2 to Brennabor
3 to NAG.
5 to NAG.
Hansa-Lloyd Elektro Lkw
Hansa-Lloyd Omnibusse (14–20 Personen)
NAG Omnibusse (30–50 Personen)

Die Lastwagenproduktion bei Hansa-Lloyd nahm alles in allem einen günstigen Verlauf. Der flotte Schnelltransporter machte dem teuren Pferdebetrieb Konkurrenz, gegen den die Hansa-Lloyd Werke ständig verbale Attacken ritten. »*Mechanisierung der Zugkraft*« hieß das Stichwort: »*Trotz unserer Armut und der Notwendigkeit, durch zweckmäßige Organisation von Arbeit und Gütertransport wieder wirtschaftlich emporzukommen und außerdem durch Erfüllung der finanziellen Verpflichtungen aus dem Friedensvertrage die politischen Ketten zu lockern und zu lösen, in denen Deutschland liegt, verwenden wir noch immer tierische Zugkräfte in einem Umfange, der diesen schwierigen Verhältnissen keineswegs entspricht. Wir sind zu arm, um Pferde als Zugpferde zu benutzen! Wir haben zu viel zu tun, um mit der geringen Kraft des Pferdes auszukommen! Wir haben zu wenig Zeit, um uns länger auf diesen langsamen und keineswegs immer dienstbereiten Helfer verlassen zu können!*

Bei der letzten Viehzählung am 1. Dezember 1922 waren nicht weniger als 3 650 804 Pferde im Deutschen Reich vorhanden. Ein Pferd braucht 15 Pfund Hafer, 15–20 Pfund Heu und 6 Pfund Stroh als Tagesration. Ein Zentner Hafer kostete seinerzeit 11 Mark, ein Zentner Heu 4,70 Mark und ein Zentner Stroh 4,50 Mark. Danach machten also die Futtermittel für 3,6 Millionen Pferde einen Betrag von 3 449 Millionen Mark aus; die Ernährungskosten eines Pferdes betrugen im Jahr durchschnittlich 1 000 Mark. Der Hafer, den der deutsche Pferdebestand im Jahr benötigte, wog 1971 Millionen Zentner, während der gesamte Erntebetrag an Hafer im Jahre 1922 nur 80 Millionen Zentner ergeben hatte.«

Hansa-Lloyd zog aus derlei statistischem Material den Schluß:

»*Wir erkennen daraus, wie hoch unser Pferdebestand an der Passivität der deutschen Handesbilanz beteiligt ist. Es handelt sich für uns darum, allen denen, die Pferde zu Nutzzwekken halten, aus den gewaltigen Kosten heraus, die die Pferdehaltung dem deutschen Volke verursacht, die Frage besonders nahezulegen, ob es nicht in ihrem Falle angebracht wäre, das Pferd durch mechanische Zugkraft zu ersetzen und zum wenigsten in Fällen, wo Neuanschaffungen notwendig sind, nicht wieder die tierische Zugkraft zu verwenden. Der Lastkraftwagen ist heutzutage sowohl in seiner durch Benzinmotor, wie in der durch Elektromotor angetriebenen Form nicht bloß vom volks-, sondern auch vom privatwirtschaftlichen Standpunkte aus unzweifelhaft das bessere Transportmittel. Privatwirtschaftlich deshalb, weil es nicht nur unvergleichlich leistungsfähiger und bedürfnis-*

Die Nutzfahrzeuge waren der Produktionsanteil, in dem das Bremer Werk allein ökonomische Erfolge erzielen konnte: Gebaut wurde bis zum 6 to fast alles: Krankenwagen, Feuerwehren, Schnelllaster, Omnibusse und Kommunalfahrzeuge. Carl F. W. Borgward übernahm nach 1931 allein einige Lastwagen-Typen in sein Programm.

Seite 60, oben: Hansa-Lloyd Busse auf einer Ausflugsfahrt der Bremer Post (?) um 1928. Unten: Verladen von 3–3,5 to-Schnellastwagen mit Junkers-Merkur-Dieselmotor. Oben: Sonderaufbau für die Hamburger Hochbahn AG auf Hansa-Lloyd Vorkriegs-LKW. Das Fahrzeug zur Reparatur von Oberleitungen der Straßenbahn war bis zum Zweiten Weltkrieg im Einsatz.

loser, sondern bei voller Ausnutzung auch ganz wesentlich betriebsbilliger ist als der Pferdebetrieb.«

Mit einer gewissen Wahrscheinlichkeit haben sich die Hansa-Lloyd Werke mit ihrem Nutzfahrzeugprogramm auf Kosten des Pferdebestands ausgedehnt. Man nahm an, daß auf je vier Pferdefuhrwerke mit der Zeit ein Lastkraftwagen eingestellt werden müßte – das ergab einen Absatzmarkt für die Automobilindustrie, der in die Hunderttausende ging!

Die Aufnahme von Lastwagen war regional unterschiedlich. Es entfielen nach der Statistik vom 1. Juli 1926 auf je 10000 Einwohner

im Deutschen Reich 14,4 Lastwagen
in Preußen 14,0 Lastwagen
in Berlin 22,6 Lastwagen
in der Rheinprovinz 25,9 Lastwagen

Andererseits gab es, wie sich aus den Zahlen ablesen ließ, noch große Bedarfsgebiete, wo die Automobildichte nicht nach dem Geschmack der Automobilindustrie war. Auf diesen Markt versuchten die Hansa-Lloyd Werke durch eine umfangreiche Modellpalette sowie günstige Preise, die durch eine Rationalisierung der Produktion erreicht werden konnte, Terrain zu gewinnen.

1927 gingen die Hansa-Lloyd Werke bei der Fertigung ihres Schnellastwagens dazu über, die Serienfabrikation zu rationalisieren. In dem ausgedehnten Betrieb wurden die Anfänge planmäßig angestrebter Fließbandarbeit erkennbar. Das etwa 450 m lange und durchschnittlich 160 m breite Gelände war der Länge nach von einem Eisenbahnanschlußgleis durchzogen, um das sich die Lager für Rohmaterial, Verbrauchsstoffe und Abfallprodukte gruppierten, so daß alle ein- und ausgehenden Güter mit möglichst geringem Zeit- und Kostenaufwand verladen werden konnten. Maschinelle Hilfsmittel, wie schwere Lauf- und Greifkrane, Rollbahnen und Vorrichtungen auf dem ausgedehnten Holzlager vervollständigten diese Einrichtung.

Da die mechanischen Werkstätten den Löwenanteil der Produktionskosten eines Automobils hatten, war es erklärlich, daß hier der Schwerpunkt aller Bestrebungen lag, durch Neuorganisation der Arbeit, wirtschaftliche Fertigungsmethoden und Vermeidung aller Verlustquellen die Herstellungskosten laufend zu senken. Charakteristisch für die neuen Produktionsmethoden war u. a., daß man zur Vermeidung unnötiger Transporte und Wege die früher übliche starre Unterteilung der mechanischen Werkstätten nach Maschinengattungen (Dreherei, Bohrerei, usw.) verließ und stattdessen die zur Herstellung der einzelnen Teile erforderlichen verschiedenen Maschinen so anordnete, daß das Werkstück entsprechend den einzelnen Arbeitsgängen von einer zur nächsten wanderte.

Ein eigener ausgedehnter Werkzeugbau unterstützte im Hastedter Werk durch Anfertigung und Instandhaltung von Maschinen, Werkzeugen und Vorrichtungen die mechanischen Werkstätten und stellte an Hand von hochempfindlichen Meßwerkzeugen die für die genaue Arbeit unentbehrlichen feinen Kontrollwerkzeuge her.

Während bei billigen Wagen dem Kunden vorgeschrieben wurde, die ersten 400–500 km in mäßigem Tempo zu fahren, damit der Wagen sich »einlief«, verließ bei den Hansa-Lloyd Werken kein Schnelltransporter das Werk, der nicht durch die Fahrabteilung gründlich eingefahren worden war. Eine Reihe wichtiger Prüfungen und Messungen wurde dabei auf dem Prüfstand vorgenommen, d. h. das Fahrzeug wurde mit den Hinterrädern auf große, versenkt unter Flur gelagerte Trommeln gestellt, welche die vom Motor eingeleitete Kraft auf eine regelbare Wasserbremse überleiteten. Daneben aber wurde jedes Fahrgestell noch mit voller Belastung den erhöhten Beanspruchungen auf der werkseigenen Einfahrstrecke ausgesetzt.

Auch in all den zahlreichen mit der Automobilfabrikation verbundenen Nebenbetrieben waren die Hansa-Lloyd Werke bestrebt, so rationell wie möglich zu produzieren. Im Vergleich zu den Riesenkonzernen der Automobilindustrie in Detroit nahmen sich diese Bemühungen natürlich bescheiden aus. Zwar konnten die Hansa-Lloyd Lieferwagen preislich nie mit den billigeren US-Wagen, vor allem Ford, konkurrieren, dennoch fanden die Lkw aus Bremen wegen ihrer hohen Qualität einen breiten Absatz.

Hansa-Lloyd-Direktor Koch verwies im Februar 1925 auf folgende Verkaufsmöglichkeiten für 2 t-Hansa-Lloyd-Schnellastwagen.

1920
Am 1. Juni wird die Bremer Kühlerfabrik Borgward & Co. OHG Bremen gegründet. Gesellschafter sind Ing. Carl Friedrich Wilhelm Borgward und der Kaufmann Heinrich Bärold, der 1921 aus der Firma ausscheidet.

1920
Die Hansa-Lloyd Werke erhöhen ihr Kapital von 12 auf 35 Mill. RM. Das Vorstandsmitglied Hans Sigismund Meyer wird Senator in Bremen. Erstmals wird damit ein Industrieller Mitglied einer Regierung des Zwei-Städte-Landes.

1922
Hansa-Lloyd bringt einen Lkw mit einem im Werk entwickelten Schneckenantrieb in Zahnform auf den Markt, der auch anderen Werken angeboten wird. Dieser Antrieb kann sich aber nicht durchsetzen, so daß die Investitionen in die eigens aufgebaute Schneckenfabrikation abgeschrieben werden müssen. Hansa-Lloyd nimmt an der Automobilausstellung in Buenos Aires teil.

1924
Letzte Dividende bei Hansa-Lloyd (8%)

»Bäckerei. Brot, Kuchen, Semmeln sind klein und leicht. Der Kastenwagen muß recht viele Einlageböden haben, um recht viel unterbringen zu können. Es gibt mehr große Betriebe in dieser Branche, die ein solches Fahrzeug gebrauchen können, als vielfach angenommen wird. Gut beschriftet, ist der Wagen eine glänzende Reklame.

Fleischerei, Viehhandel. Hierfür kommen verschiedene Ausführungen in Frage. Viele Firmen dieser Branche wollen nur Kleinvieh oder geschlachtetes Kleinvieh transportieren, ersteres aus der näheren oder weiteren Umgebung nach ihrem Wohnort. Hierzu eignet sich am besten ein normaler Pritschenwagen mit einem gitterartigen Aufsatz aus Holz. Ein zweiter Boden kann auf Wunsch in halber Höhe herausnehmbar angebracht werden. Für Großvieh – zwei Ochsen – ist ein Aufbau lieferbar, welcher im allgemeinen dem der zu diesem Zweck verwendeten Pferdewagen entspricht. Seitenwände etwa 1,25 m hoch, schräg auseinanderstrebend, Hinterwand schräg und herabklappbar, um als Einstiegbrücke benutzt zu werden...

Molkerei, Mineralwasser. Für Flaschentransport, – für Molkereien auch für Kannentransport – eignet sich am besten ein Wagen mit zwei Böden, wovon der obere 60–70 cm über dem unteren liegt. Die Seitenwände gitterartig aus Holz. Hinten und seitlich Türen. Solcher Wagen bildet ebenfalls für die betr. Firma eine sehr gute Reklame.

Brauereien. Diese haben im allgemeinen schwere Lastwagen in Benutzung, aber wie oft sieht man sie wenige Faß Bier befördern! Jede große Brauerei braucht für einige Fälle oder bestimmte Touren einen Schnelllastwagen...

Kolonialwaren, Lebensmittel. In vielen Fällen genügt der reguläre Pritschenwagen mit Plan. Vorgezogen wird ein Wagen mit feststehendem Dach, üblichen abklappbaren Seitenwänden und Gardinen, welche Dach und Seitenwände verbinden, so daß der Wagen bei schlechtem Wetter völlig geschlossen werden kann.

Abdeckerei. Wagen mit hohen Seitenwänden. Eine Winde zum Heraufziehen der Kadaver ist vorgesehen. Der Boden der Pritsche ist innen mit Zinkblech ausgeschlagen, nach der Mitte hin vertieft und mit Abflußlöchern versehen.

Kohlen, Kies usw. Zum Transport solcher Schüttgüter liefert Hansa-Lloyd den 2 t-Wagen mit hinterer und seitlicher Kippvorrichtung mit Handbetrieb bewährter Konstruktion.

Fäkalien. Zum Transport von Fäkalien liefert Hansa-Lloyd das 2 t-Chassis mit einem am Wechselgetriebe angebrachten Antrieb für die Pumpe. Das gleiche Chassis kommt in Frage für die Feuerwehr als Überlandspritze...

Kranken-Wagen. Das 2 t-Fahrgestell mit Riesenluftbereifung eignet sich ausgezeichnet zur Beförderung Kranker. Der zur Aufnahme von Kranken bestimmte Raum ist säurebeständig weiß auslackiert, enthält auf jeder Seite zwei Fenster, von denen das vordere herablaßbar eingerichtet ist. Außerdem befinden sich in der Vorderwand ein weiteres herablaßbares und in der Rückwand zwei feststehende Fenster. Die Scheiben sind aus Mattglas. In der Rückwand erhält die Karosserie eine doppelflügelige Tür. Im Inneren sind auf der linken Seite zwei übereinander angeordnete hochklappbare Gestelle aus Winkeleisen befestigt, welche zur Aufnahme der mit Gummirollen versehenen und gefederten Tragbahren dienen. Auf der rechten Seite befinden sich zwei einzelne hochklappbare, mit echtem Leder überzogene Polstersitze für mitfahrende Personen und Wärter. An der Decke ist eine elektrische Lampe montiert, deren Lichtleitung mit der Lichtmaschine des Motors verbunden ist. Die hintere Tür ist verschließbar. Außerdem ist ein klappbarer, breiter Auftritt vorhanden.

Leichenwagen. Auch zu Bestattungszwecken ist das Hansa-Lloyd-Chassis bereits geliefert worden. Die Aufbauten haben sich die Besteller selbst an Ort und Stelle anfertigen lassen.

Polizeiwagen. Kastenwagen mit mehreren Abteilen für Gefangene und Beamte.« (GDA-Rundschau, Feb. 1925)

Hansa-Lloyd 2 to-Lkw als Sprengwagen Ende der zwanziger Jahre. Das Werk wurde zu dieser Zeit bereits von Carl Borgward und Wilhelm Tecklenborg geleitet.

Diese Auswahl von Spezialaufbauten, für welche das 2 t-Hansa-Lloyd-Chassis in Frage kam, beweist die Mannigfaltigkeit im Produktionsprogramm des Bremer Werks.

Zu den Geschäftszweigen, die sich besonders stark der Hansa-Lloyd-Wagen zur Belieferung ihrer Kunden bedienten, gehörten von Anfang an diejenigen der Lebensmittelversorgung. Viele der in Frage kommenden Waren waren leicht dem Verderben ausgesetzt, viele wurden

LIESE:

»Für die Stadt sind Lieses Tage dahin. Warum?

1. Liese und ihr Wagen nehmen dort zu viel Platz fort. Die meisten Städte wurden nicht planmäßig erbaut. Sie wuchsen wie Kraut und Rüben. Infolgedessen ist der Raum beschränkt und die Straßen sind zu schmal für den wachsenden Verkehr. Automobile fordern weniger Aktionsraum und Platz.

2. Teuere Unterkunftsräume werden in Anspruch genommen für Pferde, Wagen, Hafer, Heu, Streu, Mist usw. Automobile fordern nur die Hälfte oder ⅓ des Raumes, außerdem wird an Versicherungskosten gespart.

3. Der bloße Transport von Futter und Streu und die Unterbringung von alldem für die 65 000 Pferde einer Großstadt stellt ein schwierigeres Problem dar, als die Unterbringung und Versorgung von 65 000 Menschen. Es ist schwer genug, Arbeitskräfte auf dem Lande festzuhalten, um genügend menschliche Nahrungsmittel zu produzieren. Wir dürfen diese Arbeitskräfte nicht mit Produktion von Nahrungsmitteln für Pferde verschwenden.

4. Liese braucht nicht nur Platz, sie braucht auch viel Zeit, um zu

schlafen. Das Automobil wird nicht müde.

5. Liese frißt, aber arbeitet nicht 7 Tage in der Woche. Das Automobil zehrt nur, wenn es arbeitet.

6. Lieses Geschwindigkeit ist beschränkt. Die mittlere Geschwindigkeit von Pferdewagen ist in der Großstadt mit ungefähr 5 km ermittelt. Dabei sind die langsamen Fuhrwerke ein Hindernis für allen Verkehr. Automobile bewegen sich zwei- bis viermal so schnell als Pferde und mit völlig beherrschbarer Geschwindigkeit. Sie werden nicht nervös und gehen nicht durch.

7. Der Aktionsradius eines Pferdefahrzeuges ist sehr beschränkt. Erfahrene und humane Kutscher stimmen darin überein, daß 25–30 km die äußerste Leistung sind, wenn sie täglich verlangt wird. Das Automobil läuft das drei- bis vierfache.

8. Liese kann nicht rückwärts laufen.

9. Liese verlangt Wartung wie ein Baby. Sie ist daran gewöhnt, gefüttert und bedient, sie muß beschlagen werden und ewig und immerwährend muß jemand mit der Peitsche hinterher sein. Der Sommer ist ihr zu heiß, der Winter zu kalt und die Straßen sind zu schlüpfrig. Sie wird krank und Tag und Nacht muß der Arzt bereit stehen.

10. Liese ist ein gesundheitswidriges Mitglied der Gesellschaft. Wir werfen Tausende von Mark hinaus, um die Fliegenplage zu bekämpfen. Man verstopfe einmal die Hauptquelle der Fliegenplage. Menschen sollten nicht gezwungen werden, in enger Nachbarschaft mit Tieren zu leben.

11. Alles in allem ist Liese für den städtischen Verkehr unökonomisch und belästigt die Bevölkerung. Man sollte sie durch gesetzliche Maßnahmen aus den Städten verbannen. Lieses Zeit ist vorbei. Sie hat den Menschen treu gedient. Wir schulden ihr vielen Dank, aber wir wollen ihr keine Träne nachweinen.

Zu allen diesen Nachteilen kommen noch die Verunreinigung der Straßen durch das Pferd und der hieraus den Städten erwachsenden erheblichen Kosten für die Straßenreinigung, sowie schließlich die Zerstörung der Straßendecke durch den beschlagenen Pferdehuf.«

aus: GDA-Rundschau

schnell unansehnlich und zur Inflationszeit waren sie sogar noch schwankenden Tagespreisen unterworfen, so daß es erforderlich war, durch schnellste Belieferung und dadurch möglichen schnellen Umsatz Verluste zu vermeiden.

Im Sommer 1926 präsentierten die Hansa-Lloyd Werke ihren Express-Lieferwagen auf Niederrahmenfahrgestell. Der Wagen konnte, sofern eingebaute Radkästen den Kunden nicht störten, bis auf 850 mm niedergelegt werden, was beim Auf- und Abladen – besonders bei schweren Gütern – sehr angenehm war. Die Pritsche war 4 m lang und 2 m breit, bot also 8 qm Ladefäche.

Die Konsumvereine und -genossenschaften, wie der Lebensmittelhandel überhaupt, stellten im Laufe der Zeit Dutzende von Hansa-Lloyd 2 to-Wagen in ihren Dienst. Auch die Edekas, Beamtenwirtschaftsvereine usw. waren langjährige Besitzer solcher Fahrzeuge. Der Hansa-Lloyd Zweitonner-Express kostete im Juli 1926, nachdem es dem Werk dank Rationalisierung gelungen war, den Preis drastisch berabzusetzen, mit Pritschenaufbau einschließlich Luftbereifung 9 800 RM. Damit war der 40 PS Hansa-Lloyd Expreß-Lastwagen der billigste deutsche Zweitonner!

Der Hansa-Lloyd Zweitonner war ein Dauerbrenner auf dem Nutzfahrzeugsektor. Dennoch ruhte sich das Bremer Werk nicht auf seinen Lorbeeren aus, sondern verbesserte ständig seinen »Kassenfüller« (der Bau der schweren Achtzylinder-Pkw dagegen brachte zwar Prestige aber keine schwarzen Zahlen). Technische Besonderheit des Hansa-Lloyd-Lastwagenchassis war der Schneckenantrieb der Hinterachse. Der wesentliche Unterschied des Schneckengetriebes zu Stirnräder-, Kegelräder-, Reibrad- oder Kettengetrieben war der, daß die Kraft und die Bewegung nicht wie bei diesen durch Abrollen der zugehörigen Elemente aufeinander, sondern durch Gleiten übertragen wurden.

Seit 1912 rüsteten die Bremer Autobauer ihre Nutfahrzeuge mit dem fast geräuschlosen Schneckenantrieb aus und waren mit Spezialmaschinen ganz auf dessen Anfertigung eingestellt. Ob allerdings der Schneckenantrieb dazu beigetragen hat, daß der Hansa-Lloyd Expreß-Lastwagen um 1927/28 als der meist verbreitete Schnellastwagen seiner Klasse gelten konnte, ist fraglich. Auch nach der Übernahme der Aktienmehrheit der Hansa-Lloyd Werke durch Carl F. W. Borgward lief das Lkw-Programm erfolgreich weiter und wurde sogar ausgebaut.

Omnibusse von Hansa-Lloyd

Die ersten Omnibusse aus Bremen, gebaut von der Namag vor dem Ersten Weltkrieg, waren noch ratternde, klirrende Holperkästen, in denen längere Fahrten zur Tortur wurden. Das lag nicht am Unvermögen der Fabrik oder der Technik. Erst mit dem Übergang vom Vollgummireifen zur Luftbereifung trat eine entscheidende Wandlung ein, die dem Autobusbau einen gewaltigen Auftrieb gab.

Die durch das Niederrahmenfahrgestell erreichte tiefe Schwerpunktlage erlaubte es, größere Geschwindigkeiten zu fahren und sicherer und schneller Kurven zu nehmen, ohne ständig vom Umkippen bedroht zu sein.

Das Niederrahmenfahrgestell war, wie manches andere im Kraftwagenbau, ein Geschenk aus Amerika. Der Bau dieser Spezialkonstruktion wurde Mitte der zwanziger Jahre nahezu von allen deutschen Lastwagenfabriken schnell aufgegriffen, obwohl sie den Konstrukteuren unbequem war und dem Geldbeutel der Fabriken einiges abverlangte. Durch den Niederrahmen konnte die Fußbodenhöhe um etwa 200 mm auf 600 bis 700 mm herabgesetzt, der Schwerpunkt tiefer gelegt werden. Für Omnibusse in Großstädten war dieser Umstand voll ausgenutzt worden.

Im Gegensatz hierzu hatten viele Überlandbetriebe wohl den Niederrahmen gewünscht, aber in völliger Verkennung der dadurch mühsam erreichten Vorteile nicht nur die Aufbauten weiterhin in der bisher üblichen Höhe (Stehhöhe 1,90 m) ausgeführt, sondern auch die Unterbringung des Reisegepäcks auf dem Dach verlangt. Es gehörte zum allgegenwärtigen Bild des Busverkehrs um 1926, daß die Omnibusse auf schwierigen und verschneiten Gebirgsstraßen Deckslasten mitführten, die nicht nur aus dem umfangreichen Reisegepäck der Fahrgäste, sondern aus allen möglichen zusätzlichen Frachtstücken wie Weinkisten, Butterkörben und anderen zentnerschweren Stücken bestanden. In vielen Gegenden gehörten Decklasten bis zu 1 000 kg nicht zu den Seltenheiten. So durfte es nicht wundernehmen, daß die meisten schweren Unfälle durch Umkippen der Omnibusse entstanden.

Was nützte es, wenn die Fabriken bei ihren Niederrahmenkonstruktionen mit Zentimetern rechneten, während die Busunternehmer gedankenlos alle Vorteile der tiefen Schwerpunktlage wieder beseitigten, Fahrgäste und Fahrzeuge gefährdeten, den Reifenverbrauch und damit die Betriebskosten erhöhten und auf diese Weise dem Publikum ein modernes Betriebsmittel verleideten?

Aber nicht allein die Gefahr des Kippens war es, die gegen die Deckslast sprach, sondern vor allem auch der Umstand, daß Fahrgestell und Aufbau größtem Verschleiß unterlagen. Man brauchte kein Fachmann zu sein, um sich zu sagen, wie sehr durch Straßenabrundung, beim

Noch 1924 war man der Auffassung, daß Lastwagenfahrgestelle auch für Überlandomnibusse durchaus geeignet seien. Doch nachdem diese besonders auf schmalen, aufgeweichten und verschneiten Bergstraßen sowie beim Durchfahren von Kurven ständig umkippten, schufen die Hansa-Lloyd Werke den »straßensicheren Omnibus« vom Typ »Expreß«, der ein besonders konstruiertes Niederrahmenfahrgestell besaß.

Linke Seite: Prospekte des Hansa-Lloyd-Lastwagenprogramms Ende der zwanziger Jahre. Oben: Hansa-Lloyd-Bus der Bremer Vorort Bahnen (BVG) vor der Oldenburger Lambertikirche, wo die BVG von 1925 bis 1933 den Personennahverkehr betrieb. Links: Blick in das Innere des Hansa-Lloyd-Bus, der auch schon zu seiner Zeit konzeptionell überholt war.

Aussichtsbus von Hansa-Lloyd Mitte der Zwanziger Jahre in Bremen -Sebaldsbrück.

Durchfahren von Schlaglöchern und Kurven das 3 m über dem Boden liegende, hin- und her wiegende Gewicht den Fahrgestellrahmen, die Federn und endlich die Karosserie nachteilig beanspruchte. Rahmen und Federbrüche, Klemmungen in den Federgehängen und in der Schaltung, Lockerwerden und Knarren in den Holzverbänden des Aufbaus und der Fensterrahmen, Platzen von Fensterscheiben usw. waren die Folge.

Um überhöhter Decklast abzuhelfen, offerierte Hansa-Lloyd einen leichten Anhängewagen, bei dem auch das Be- und Entladen ohne Leiter und ohne halsbrecherische Kunststücke des Personals möglich war.

Bei Verwendung dieses Gepäckanhängers wurden zwei Helfer und eine Leiter gespart, um das Ladegut an den Entstationen der Omnibuslinien 3 Meter hoch oder herunter zu befördern, während der Bus selbst zur Bedienung nur einen Mann hatte. Der Gepäckanhänger wurde von Hansa-Lloyd auf Wunsch für eine Tragfähigkeit von 1500 kg mit elastischer Vollgummibereifung oder auch mit Luftbereifung geliefert. Für geringeren Gepäckanfall bis 500 kg empfahl Hansa-Lloyd seinen leichten Einachsenanhänger. Das erhöhte den Komfort, denn im Innern stand der Raum nun ganz für die Fahrgäste zur Verfügung.

Der Einstieg lag so tief, daß man kaum der bis dahin allgegenwärtigen Trittbretter bedurfte. Trotzdem war die Bodenfreiheit nicht geringer als bei Wagen mit hochliegendem Rahmen. In diesem Hansa-Lloyd-Bus gab es nicht mehr »drangvoll fürchterliche Enge« auf schmalen »Armesünder-Bänkchen«, sondern breite, tiefe, mit Leder gepolsterte Sessel. Hansa-Lloyd: *»Unser Expreß-Omnibus ist kein Omnibus im althergebrachten Sinne, sondern vielmehr eine langgebaute vielsitzige Limousine mit allen Vorzügen, allen Bequemlichkeiten und aller Eleganz einer solchen.«*

19 Sitzplätze waren in jedem Bus vorhanden, 4 in jeder Reihe, 3 in der vordersten. Jede Sitzreihe hatte eine eigene Einstiegtür! Breite »kristallklare« Scheiben gewährten gute Aussicht nach allen Seiten; sie waren durch Kurbelwerk versenkbar und ermöglichten die einfache wie wirksame »Frischluft-Lüftung«. Elektrisches Licht erleuchtete Innenraum und Fahrstrecke.

Euphorisch deuteten die Hansa-Lloyd Werke die Zukunft des kollektiven Reisens im Bus: *»Alle Anzeichen deuten darauf hin, daß man in wenigen Jahren mit einem Schnellomnibus alle halbe Stunde aus dem Zentrum der Großstadt über Hunderte von Kilometern zur nächsten Großstadt reisen kann und dort Anschlußwagen nach allen Richtungen findet. Nicht mehr durch finstere Bahnhöfe führt der Weg, sondern durch die schöne Gottesnatur. Das Reisen wird*

1925

Hansa-Lloyd führt US-Arbeitsmethoden in seine Lkw-Fertigung ein und verdreifacht so die 2 t-Lkw-Produktion. Da den Kunden aus Konkurrenzgründen längere Zahlungsziele eingeräumt werden müssen, wird das Gesellschaftskapital stark angegriffen. Während die Produktion von Elektronutzfahrzeugen vor allem wegen reger Abnahme der öffentlichen Hand Gewinne abwirft, fallen in der Pkw-Produktion hohe Verluste an. Es gibt keine Dividende.

eine Lust. Hunderttausende werden sich für billiges Geld die Freuden einer Automobilreise verschaffen können. Das Automobil wird populär, Unverstand und Anfeindung wandeln sich in Anerkennung und Beliebtheit«.

Technisch ausgerüstet war der Hansa-Lloyd Expreßomnibus wie folgt (Stand 1925):

Motor: 4 Zylinder, 40 PS, Dreipunktaufhängung, elektrischer Anlasser, Dynamo und Batterie für Beleuchtung.

Kühler: mit Jalousie zum Verstellen bei kalter Jahreszeit.

Getriebe: In einem Block mit dem Motor vereinigt, 4 Vorwärtsgänge und Rückwärtsgang, Mittelschaltung. Zweischeibenkupplung, Luftpumpe mechanisch angetrieben.

Hinterbrücke: in Schneckenkonstruktion.

Bremsen: Auf alle 4 Räder wirkend mit zuverlässigem Ausgleich. Großer Durchmesser der Bremstrommeln.

Steuerung: Leicht und präzise gehende Schraubensteuerung, linksseitig angeordnet.

Laufräder: Aus Stahlblech gepreßt, teilbare Felgen.

Federn: Sehr lang und geschmeidig, unterstützt durch Stoßfänger.

Länge: 6,25 m, größte Breite 2 m, Achsabstand etwa 4,15 m, Spurbreite 1,77 m.

Geschwindigkeit: etwa 40 bis 50 Stundenkilometer.

Das Omnibus-Spitzenmodell der Hansa-Lloyd Werke stellte der Hansa-Lloyd Hochsitzomnibus dar, der vor allem von der Reichspost bestellt wurde. Es handelt sich um einen geschlossenen Omnibus für 19 Personen auf Niederrahmenfahrgestell, dessen Verdeck in seinem hinteren Teil von einem Aufbau überhöht wurde, in dem sieben Personen bequem Platz fanden. Zu diesem erhöhten Raum führte aus dem Innern eine dreistufige Treppe empor. Neben der bequemen Unterbringung reichlichen Gepäcks sah man den Vorzug des Fahrzeugs darin, daß die Gäste von der erhöhten Plattform aus in landwirtschaftlich schönen Gegenden eine umfassende Aussicht genießen konnten. Das auf der Internationalen Automobil Ausstellung in Berlin 1928 gezeigte Hansa-Lloyd Dreiachserchassis war eines der Hauptstücke der Ausstellung und fand bei den Fachleuten große Anerkennung.

Neben den aufwendig gestalteten Hansa-Lloyd-Bussen auf Niederrahmenfahrgestell entwickelten die Bremer auch ein billiges Omnibusfahrgestell mit geradem Rahmen, bei dem das Maß von Erdboden bis Rahmenoberkante nur rund 100 mm größer war als bei durchschnittlichen Niederrahmenfahrgestellen. Bei Hansa-Lloyd legte man auf schnelle Auswechselbarkeit der einzelnen Aggregate, wie Motor, Kupplung, Getriebe, Vorder- und Hinterachse großen Wert. Angetrieben wurde der »Billig-Bus« vom bewährten Hansa-Lloyd Vierzylindermotor mit stehenden Ventilen.

Der Preis des Hansa-Lloyd Geradrahmen-Omnibusses betrug 15 500 RM mit sechsfacher Bereifung und einem bereiften Reserverad (Stand März 1927).

Wohnmobil

Ein eigenwilliges Omnibusfahrzeug präsentierte 1926 die Karosseriefabrik Rembrandt aus Delmenhorst. Dieser Salonomnibus setzte sich aus drei Räumen zusammen. Er bestand aus Führerraum, Wohnraum und Kabine.

Im Wohnraum waren sechs bequeme Einzelsitze in Klubsesselform eingebaut, von denen die vier vorderen nach jeder Seite hin drehbar waren. Die Rückenlehnen waren so eingerichtet, daß die Sessel in Liegesitze und Betten verwandelt werden konnten. An der Rückwand des Fahrersitzes lag ein ovaler Tisch, an dem sämtliche Fahrgäste durch Drehen ihrer Sitzplatze Platz nehmen konnten. Die Kabine wurde vom Wohnraum aus durch eine Flügeltür betreten. Eine gepolsterte Querbank bot darin bequem Platz für fünf Personen. Durch Hochklappen der Rückenlehnen konnten dort ähnlich wie in Eisenbahnschlafwagen zwei weitere Betten geschaffen werden. Links und rechts im Kabinenraum standen bis zur Wagendecke reichende Schränke, von denen der eine ein Wasserbassin mit Waschgelegenheit, einen Kochherd und einen Vorratsraum für Geschirr und Speisen enthielt. Der andere Schrank diente zur Aufnahme von Tafelgeschirr, Geräten und Tischwäsche.

1926

Der Umsatz beträgt nur noch 55% des Vorjahres. Zahlreiche Arbeiter und Angestellte werden entlassen oder arbeiten kurz. Wegen der Umstellung auf neue Modelle sind hohe Investitionen nötig. Die Werke machen 2,16 Mill. RM Verlust, die aber noch mit 2,2 Mill. RM aus den Reserven gedeckt werden können.
In diesem Jahr erhalten die Werke einen Großauftrag aus Griechenland über die Lieferung von 350 Schnell-Lkw (davon 50 Verwundetentransporter).
Die GDA erhöht im selben Jahr ihr Grundkapital. Hansa-Lloyd ist allerdings schon nicht mehr in der Lage, neue Anteile zu zeichnen, so daß die NAG 0,4 Mill. RM und Brennabor 0,2 Mill. RM übernehmen. Der GDA-Gesellschaftervertrag wird um mehrere Jahre verlängert.

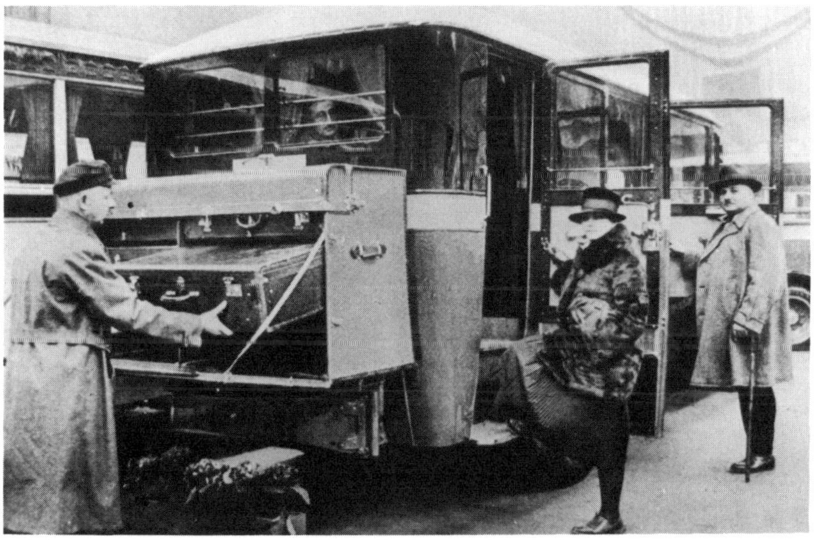

Salonomnibus von Hansa-Lloyd aus dem Jahre 1926. Dieses frühe Wohnmobil besaß drei Räume – Fahrerraum, Wohnraum und Küche –, blieb aber ein Einzelstück. Karossiert wurde er bei den Rembrandt-Werken in Delmenhorst.

Jede Neuerung löst Bedenken aus, die aber überwindbar sind, sobald durch eingehende Prüfung festgestellt wird, daß das Neue zugleich technische und wirtschaftliche Vorzüge besitzt.
So verhielt es sich auch kurz nach der Jahrhundertwende mit den motorisierten Feuerwehrfahrzeugen. Die Namag erkannte in der Brandbekämpfung einen potentiellen Markt für ihre Fahrzeuge und trat schon kurz nach ihrer Gründung mit den ersten elektromobilen Löschzügen auf den Plan. Später offerierten die Hastedter Automobilbauer auch Löschzüge mit Verbrennungsmotoren.
Die Bremer Feuerwehr orderte fast ausschließlich Hansa-Lloyd-Wehren.

Hansa-Lloyd Feuerwehrwagen

Die Bremer Feuerwehr wurde 1870 mit einer Kopfstärke von 97 Mann gegründet. Der damalige Löschzug bestand aus einer Handdruckspritze, einem Wasserwagen sowie dem von Pferdekraft gezogenen Mannschaftswagen, der die Druckmannschaft für die Spritze beförderte. Eine Verstärkung der Löschkraft trat bereits im nächsten Jahr durch die Indienststellung von zwei Shand-Mason-Dampfspritzen ein, die etwa 1 000 Liter in der Minute leisteten und auf besondere Anordnung zum Feuer nachgeholt wurden.

Im Jahre 1895 wurde der veraltete und schwerfällige Löschzug abgelöst durch die Gasspritze, die mechanische Drehleiter, die per Hand bedient wurde und Höhen bis zu 24 m erreichte sowie die Dampfspritze mit einer Leistung von 1 500 Litern in der Minute. Im Jahre 1901 wurde auf der internationalen Ausstellung für Feuerschutz- und Rettungswesen in Berlin der erste Löschzug mit elektrischem Antrieb vorgeführt, mit dem Erfolg, daß der Kraftwagen nunmehr auch im Feuerlöschwesen vorwärts rollte.

Auch in Bayern verfolgte man diese Entwicklung. Als erstes Kraftfahrzeug wurde 1904, also schon zwei Jahre vor der Gründung der Namag, eine Auto-Dampfspritze beschafft, bei welcher der Dampf die Fahrmaschine und die Pumpe betrieb. Die inzwischen bei den anderen Berufsfeuerwehren mit elektromobilen Löschzügen gemachten Erfahrungen führten im Jahre 1909 zur Beschaffung einer elektromobilen Drehleiter mit Vorderradantrieb, der später eine elektromobile Gasspritze und eine Dampfspritze zur Vervollständigung des Löschzuges folgten. Diese Fahrzeuge und ein Reservezug, bestehend aus Mannschaftswagen und Tender, wurden von der Namag bezogen. Die beiden Züge nebst einem Krankenwagen bewährten sich ausgesprochen zufriedenstellend und waren noch nach 16 Jahren ausnahmslos im Dienst. Sieger im Wettstreit der Antriebsarten blieb schließlich der Explosionsmotor. Ein Löschzug mit Benzinmotoren wurde der Bremer Feuerwehr vor Beginn des Ersten Weltkriegs von den Hansa-Lloyd Werken geliefert: weitere Löschzüge und Spezialfahrzeuge (Tender, Geräte- und Rüstwagen) wurden nach Kriegsschluß bei dem Automobilbauunternehmen in Hastedt in Auftrag gegeben. Der moderne Bremer Löschzug bestand nunmehr aus zwei Hansa-Lloyd-Fahrzeugen, der Motorspritze und der Drehleiter; hierzu trat nach Bedarf ein Schlauchtender.

Im November 1927 zählte der Fahrzeugpark der Bremer Feuerwehr 23 Alarmfahrzeuge, deren Chassis die Hansa-Lloyd Werke geliefert hatten. Hierzu kamen noch 7 Kranken- und Arbeitswagen, zusammen mit 34 Kraftfahrzeugen und 9 Anhänger.

Die Verbreitung der Namag- bzw. Hansa-Lloyd-Feuerwehrfahrzeuge blieb nicht nur auf den Herstellungsort und Norddeutschland beschränkt, sondern erstreckte sich über das ganze Reich. Die »Potsdamer Tageszeitung« berichtete in ihrer Nr. 153 von 1913 folgendes:

»Die offizielle Abnahmeprüfung der für die hiesige Berufsfeuerwehr gelieferten Automobilspritze mit eingebauter Zentrifugalpumpe hat gestern nachmittag gegen 4 Uhr auf dem Gelände der Königlichen Kriegsschule auf dem Brauhausberge im Beisein der Feuerlöschdeputation stattgefunden. Die Konstruktion des Geräts ist eine höchst einfache. Auf der Brandstelle angelangt, können zunächst 450 Liter Löschwasser, welches auf dem Fahrzeuge in einem Wasser-

bassin mitgeführt wird und zirka 4,5 Minuten Zeit in Anspruch nimmt, mit einem Strahlrohr verspritzt werden. Inzwischen findet der Maschinist (Feuerwehrmann) des Fahrzeugs reichlich Zeit, den Gehmotor mit der aus dem Fahrzeug aufmontierten Zentrifugalpumpe durch eine besondere Kupplung (die Pumpe fördert 1800 Liter in der Minute) in Tätigkeit zu setzen und die Pumpe mit einem Straßenhydranten oder direktem Wasserlauf zu verbinden. Nach der Herstellung dieser Verbindung kann dann nach Belieben mit 8–9 Schlauchleitungen und einem Wasserdruck von 8–9 Atmosphären gespritzt werden. Die Spritzprobe selbst verlief nun wie folgt: Punkt 4 Uhr wurde von der Feuerwache abgerückt und schon nach Verlauf von 5 Minuten war der steile Brauhausberg in der Schützenstraße bis zur Kriegsschule mit dem zweiten Gange spielend erklommen. Mit einem 45 Millimeter-Durchmesser-Schlauch und einer Mundstückweite von 8 mm Durchmesser wurde dann das mitgeführte Wasser (450 Liter) mit einem schönen, äußerst wirkungsvollen Spritzstrahl verspritzt. Nunmehr wurde mit einem 70 Millimeter Durchmesserschlauch und einer 28 Millimeter-Mundstückweite zirka 50 m hoch und 65 m weit gespritzt. Der Spritzstrahl war geradezu ein gewaltiger. Zum Schluß wurde eine 70 Millimeter-Durchmesser-Schlauchleitung bis auf das Plateau des 63 m hohen Turmes vorgenommen und von hier aus mit einem 25 Millimeter-Durchmesser Stahlrohr in die Höhe gespritzt. Der Strahl erreichte den Dachfirst des oberen 63 m hohen Turmes und war äußerst wirkungsvoll. Bei allen Spritzproben wurde aus einem größeren Wasserbassin gesaugt. Noch weitere Spritzproben zu veranstalten, erübrigte sich, da die Feuerlöschdeputation durch die unerwartet großen erzielten Resultate vollkommen befriedigt und überzeugt war, daß die Ausrüstung der Feuerwehr unserer Residenzstadt mit einem absolut betriebssicheren und äußerst leistungsfähigen, den heutigen Verhältnissen entsprechenden, modernen Feuerlöschgerät vervollständigt worden ist.«

Hansa-Lloyd Trecker

Um seine Optik machten sich die Hansa-Lloyd-Ingenieure offenbar wenig Gedanken: denn rein äußerlich sah der Hansa-Lloyd Trecker aus wie eine Mischung aus verkürztem Automobil, Panzer und Walroß. In der Landwirtschaft störte man sich aber nicht an den derben Wölbungen des Blechkleides.

Vorne unter der Haube lag der rauhbeinige Benzinmotor, derselbe, welcher auch für den 3-Tonnen-Heereslastwagen Verwendung fand. Der Motor leistete im Lastwagen etwa 55 PS, im Trecker war seine Umdrehzahl auf 750 pro Minute begrenzt und damit seine Höchstleistung auf etwas über 25 PS eingestellt.

Die Auslegung der empfindlichen Teile, wie Kurbelwelle, Kolbenbolzen, Kolben- und Kurbelwellenlager usw. war daher berechnet für die Übertragung einer Leistung von 55 Pferdestärken, wurden aber im Hansa-Lloyd Trecker nur mit der halben Leistung beansprucht. Die Abnutzung war dementsprechend gering.

Als Vergaser wählte Hansa-Lloyd den einfachen Pallasvergaser. Er war leicht zugänglich und konnte für die Brennstoffe Benzin, Schwerbenzin sowie Benzol durch einen einfachen Eingriff ohne Demontage eingestellt werden. Die Ableitung der Motorenwärme besorgte ein reichlich bemessener Kühler, dessen Wirkung durch eine leicht zugängliche Wasserpumpe und durch einen mittels Riemenzug angetriebenen Ventilator unterstützt wurde. Seitlich an den Laufflächen befanden sich die patentierten Greifer. Sie waren nicht, wie bei anderen Fabrikaten, aufgeschraubt, was sich stets als ausgesprochen zeitraubend erwies, sondern wurden umgeklappt.

Die Steuerung des Treckers erfolgte ähnlich wie beim Automobil mittels eines Handrades vom Fahrersitz aus. Die Vorderachse war ein Drehgestell mit großem Einschlag, so daß der Trecker auch auf ganz kurze Entfernung wenden konnte. Die Vorderachse ließ sich soweit ausziehen, daß das rechte Vorderrad in der Furche lief. Dadurch lenkte sich der Trecker selbsttätig, der Fahrer konnte vom Fahrersitz herunter steigen und das Arbeiten der gesamten Maschinerie, vor allem auch des angehängten Pfluges beobachten und regulieren.

Gegen Sonderberechnung wurde der Führersitz auf Wunsch überdacht, so daß der Treckerfahrer gegen Sonne und Regen geschützt war.

Noch während des 1. Weltkriegs nahmen die Hansa-Lloyd Werke die Treckerproduktion auf. Der Hansa-Lloyd-Trecker war so einfach gehalten, daß er auch von ungeschultem Personal bedient werden konnte. Das war gerade in den Kriegsjahren, wo viele Bauern zur Armee eingezogen wurden und auf dem Land großer Arbeitskräftemangel herrschte, von Bedeutung: binnen weniger Tage mußten Frauen, die nie zuvor ein Motorfahrzeug gehandhabt hatten, angelernt werden, um mit dem »stählernen Roß« die Furchen zu ziehen.

Seite 68: Lloyd-Wehr aus der Vorkriegszeit mit Magirus-Drehleiter. Unten: Um 1920

GDA
Unter den
NAG
HANSA
Hansa Lloyd
Brennabor

Die »Gemeinschaft Deutscher Automobilfabriken«

Nach den Gründerjahren der deutschen Automobilindustrie in der wilhelminischen Zeit erlebte die automobile Welt Deutschlands einen zweiten Fabrikationsboom in den frühen Jahren der Weimarer Republik, als fast ein halbes Hundert von Kraftfahrzeugschmieden drei- und vierrädrige Geschöpfe montierten, deren Namen heute kaum noch bekannt sind wie AGA, Cyklon, Phänomobil, Schebera.

Oft entstanden diese Unternehmen nur, um aus der galoppierenden Geldentwertung und der damit ausgelösten Flucht in die Sachwerte Kapital zu schlagen. Die Käufer fragten nicht lange nach der Qualität und den Fahreigenschften solcher Vehikel, sondern schätzten sich glücklich, ihr immer mehr an Wert verlierendes Papiergeld in einen greifbaren Sachwert angelegt zu haben. Sobald sich die wirtschaftlichen Verhältnisse konsolidiert hatten, stellten die sog. »Inflationsgewinnler« in der Automobilindustrie auch wieder ihre Fertigung ein. Es kam zu zahlreichen Zusammenbrüchen, so etwa bei den Unternehmungen des Stinnes-Konzerns (AGA, Dinos, Rabag).

In der Folgezeit gab es einen scharfen Konkurrenzkampf unter den verbliebenen Firmen, die um ihre Kunden mit enormen Preisnachlässen kämpften. Für defizitäre Bilanzen der deutschen Fabriken sorgte im übrigen die durchrationalisierte US-Automobilindustrie, der es gelang, die heimischen Hersteller zu unterbieten.

Robert Allmers hatte diese Entwicklung schon früh vorausgesehen und beschäftigte sich auch publizistisch mit der Frage der Konkurrenzfähigkeit der deutschen Automobilindustrie. Am 14. Oktober 1918 veröffentlichte er seine Denkschrift *»Was der deutschen Automobilindustrie Not tut«*, in der er vollkommen neue Methoden der Fabrikation forderte und dabei seinen Blick nach Amerika richtete, wo bei höheren Löhnen erheblich billigere Wagen als in Deutschland entstanden. Allmers schrieb:

»Wenn wir fortfahren, die Gütererzeugung in der bisherigen Weise in weitgehender Zersplitterung zu betreiben, d. h. wenn jede Fabrik eine Unzahl von Typen in kleinen Mengen herstellt, so ist ein ruinöser Niedergang unausbleiblich. Natürlich können wir den Übergang zur amerikanischen Fabrikationsmethode nicht auf einmal vollziehen, sondern wir müssen schrittweise vorgehen. Zunächst und ausdrücklich hat ein Zusammenschluß sämtlicher Automobilfabriken stattzufinden. Es ist zu gründen neben dem bestehenden »Verein deutscher Motorfahrzeughersteller« eine neue Organisation rein wirtschaftlichen Charakters, die (...) den Charakter eines Syndikates hat. Die Aufgabe dieses Verbandes würde es sein, vor allen Dingen unverzüglich eine Vereinheitlichung der Fabrikation durchzuführen.

Man wird ein möglichst genaues Arbeitsprogramm festzusetzen haben und man wird beschließen müssen, was jede einzelne Fabrik erzeugen soll. Der Hauptgrundsatz muß der bleiben, daß jedes Unternehmen in jeder seiner Fabriken nur eine einzige Type herstellt, diese aber in möglichst großen Mengen und möglichst marktfähig.«

Die Gemeinschaft Deutscher Automobilfabriken war ein Zusammenschluß der drei Autohersteller Brennabor, Nationale Automobilgesellschaft (NAG) und Hansa-Lloyd. Die Hansa-Werke in Varel waren assoziiert. Die vier Fabriken stimmten ihre Produktpalette ab und organisierten ihren Verkauf und Service gemeinsam. Der Zusammenschluß zerbrach, als die NAG 1928 in das Marktsegment der Hansa-Lloyd Werke einzudringen versuchte.

Die Gründung der GDA

In der Folgezeit beließ es Robert Allmers nicht nur bei theoretischen Erwägungen und Denkschriften. Er versuchte, seine Vorstellungen in die Tat umzusetzen. So nahm er 1919 Kontakt zu Karl Gossi, Vorstandsmitglied der »Nationalen Automobil-Gesellschaft« in Berlin-Oberschöneweide, auf und schlug ihm in aller Vertraulichkeit vor, das Lieferprogramm der Firmen Hansa-Lloyd und NAG aufeinander abzustimmen. Bald stieß auch Walter Reichstein von der renommierten Brandenburger Autofabrik »Brennabor-Werke Gebr. Reichstein« zu dem Kreis der Gesprächspartner. Alle drei Automobilindustriellen waren sich aus ihrer Mitarbeit im VDMI gut bekannt und kamen schnell überein, ihr jeweiliges Produktionsprogramm aufeinander abzustimmen und gemeinsam zu vertreiben.

Das Familienunternehmen Brennabor, das übrigens erstmals die Fließfertigung im Automobilbau (noch vor Opel) eingeführt hatte und zu Beginn der zwanziger Jahre über 120 Wagen

1920
Auf Initiative von Allmers entsteht die GDA als gemeinsame Vertriebsorganisation von Hansa-Lloyd, Brennabor (Brandenburg) und NAG (Nationale Automobil Gesellschaft, Berlin). Stammkapital: 300 000 RM. Die Hansa-Werke sind assoziiert. Zwischen den vier Firmen findet eine Produktionsaufteilung statt. Die GDA übernimmt von ihren Gesellschaftern 19 Niederlassungen.

täglich produzierte, übernahm in der straffen Angebotspalette den Bau von kleineren Personen- und Nutzwagen, während Hansa (inzwischen herausgelöst aus Hansa-Lloyd) den Bau von mittleren Personenwagen, Hansa-Lloyd den Bau von schwersten Personenwagen übernehmen sollte. Die NAG lag mit ihrem Pkw-Programm zwischen Hansa und Hansa-Lloyd. Im Lkw-Programm fertigte die NAG die ganz schweren Nutzkraftwagen, während Hansa-Lloyd sich ausschließlich dem Bau von Elektrofahrzeugen sowie leichten Lkws widmen sollte. 1920 schlossen sich schließlich die Unternehmen zur »Gemeinschaft Deutscher Automobilfabriken G.m.b.H.« zusammen.

Außerdem übernahm die GDA zeitweise den Vertrieb der Hawa-Elektrokleinwagen der Hannoverschen Waggonfabrik A. G. und von GDA-Motorrädern, welche die Zschopauer Motorenwerke herstellten, um damit das Lieferungsprogramm nach unten abzurunden. Vor allem die GDA-Händler plädierten für den Vertrieb des Zweirades, weil man davon ausging, daß Zweiradfahrer mit dem erhofften wirtschaftlichen Aufschwung einmal auf das Automobil umsteigen würden. Diese Kunden wollte man schon frühzeitig durch die Verkaufsorganisation der GDA ansprechen, um sie dann weiterhin betreuen zu können.

Die Gründung der GDA erlaubte es den beteiligten Automobilfirmen, ihr Typenprogramm zu bereinigen und rationeller zu produzieren. Das wirkte sich auch auf die Preisgestaltung aus: so sank der Preis für den Hansa 8/36 PS von 1924 (13 400 M) bis 1926 (10 000 M) um 3 400 Mark.

Von Vorteil war auch die gemeinsame Pressearbeit der GDA. Sie warb vor allem mit motorsportlichen Erfolgen.

Robert Allmers wußte um die Werbeträchtigkeit des Motorsports und schickte seine Tochter Irmgard Allmers in zahlreiche Rennen. Immer wieder tauchte ihr Bild in den Zeitungen und Zeitschriften auf. Für eine schnelle Verbreitung der Rennsporterfolge sorgte die neue Presseabteilung.

Johann Heinrich von Brunn: *»Zu den Aufgaben der Presseabteilung, die naturgemäß eng mit der Werbeabteilung zusammenarbeitete, gehörte die Bekanntmachung der Ergebnisse der damals zahlreichen an den Wochenenden stattfindenden und für die Werbung wichtigen sportlichen Veranstaltungen. Alte Mitarbeiter der Presseabteilung erzählten, daß sie fast stets sonntags zu tun hatten, vor allem in den schönen Sommermonaten. Damals, als der Rundfunk noch in den Kinderschuhen steckte, mußte die Presseabteilung die sportlichen Erfolge noch am Sonntag Nachmittag und Abend telegrafisch den Filialen und Händlern bekanntgeben. Dort hatte man eigene, vergrößerte Telegrammformulare vorrätig. In diese wurden die Sportergebnisse eingetragen und das Ganze dann als Plakat an die Schaufensterscheibe geklebt. Wer damals ein Automobilfan war, mag sich noch daran erinnern, daß die automobilbegeisterte Jugend am Sonntagnachmittag mit dem Fahrrad zum GDA-Händler fuhr, um zu sehen, was über die Ergebnisse der Sportveranstaltungen des Sonntags dort angeschlagen war.«*

Auseinandersetzungen über das Typenprogramm blieben auf die Dauer innerhalb der GDA nicht aus. Vor allem die NAG schaute argwöhnisch auf den Erfolg des 2-to-Hansa-Lloyd-Lkws und präsentierte schließlich auf der Leipziger Lastwagenausstellung 1928 überraschend einen eigenen 2½-to-Lkw, der in unmittelbarer Konkurrenz zum erfolgreichen Hansa-Lloyd Expreß-Lieferwagen stand.

Diese Größenklasse war laut GDA-Vertrag dem Bremer Werk vorbehalten. Es kam zu einer handfesten Auseinandersetzung. Sowohl die Gebrüder Reichstein als auch Robert Allmers und August Sporkhorst fühlten sich arglistig hintergangen; hatte doch zuvor die NAG niemals ihren neuen Typ angekündigt, sondern diesen sogar in aller Heimlichkeit entwickelt.

Allmers versuchte die AEG dazu zu bewegen, nicht mit dem neuen NAG-Lkw auf den Markt zu kommen, doch in Berlin-Oberschöneweide hatte man schon alle Vorbereitungen zur Serienfertigung getroffen. Damit wurden alle Vereinbarungen der GDA-Werke auf ein gemeinsam abgestimmtes Typenprogramm hinfällig. Auf einer dramatischen Sitzung wurde die Auflösung der GDA beschlossen (bis zum 31. Dez. 1929).

Die Liquidation der GDA zog sich bis 1936 hin und ergab sogar einen Überschuß! Zu diesem Zeitpunkt waren sämtliche Stammwerke schon vom Kfz-Markt verschwunden.

Ob die Auflösung der GDA den Niedergang der einstmals so eng verbundenen Unternehmen Hansa-Lloyd, Hansa, Brennabor und NAG beschleunigt hat, läßt sich nicht mit Eindeutigkeit beantworten. Robert Allmers jedenfalls bezeichnete später mehrmals die Auflösung der GDA als Ursache dafür, daß keine der beteiligten Automobilfabriken übrig blieb.

Brennabor

Die Firma Brennabor – der slawische Name für »Brandenburg« – war 1871 von Carl Reichstein gegründet worden.

Zehn Jahre stellten die Brennabor-Werke ausschließlich Kinderwagen her. Als zu Beginn der achtziger Jahre das Fahrrad die ersten schüchternen Versuche unternahm, sich Geltung zu verschaffen, war es Firmengründer Carl Reichstein, der die wirtschaftliche Bedeutung der Tretmaschine als Sport- und zukünftiges Verkehrsmittel breiter Volksschichten voraussah. Reichstein rief eine Fahrradabteilung ins Leben, deren Erzeugnisse unter der gesetzlich geschützten Marke »Brennabor« in den Handel kamen.

Die allgemein günstige Wirtschaftslage und der lebhafte Geschäftsgang veranlaßten die Brennabor-Werke um die Jahrhundertwende, auch an den Bau von Kraftfahrzeugen zu gehen. Zuerst wurden Schrittmachermaschinen, wie sie auf Radrennbahnen Verwendung finden, hergestellt. Dann baute man Motorräder mit Einzylinder- und Zweizylindermotoren, auch Eisenbahndraisinen und Geschäftsräder mit Zweizylindermotoren.

Im Jahre 1907 stellten die Brennabor-Werke ihren ersten Motorwagen her, die dreirädrige »Brennaborette«. Das eigenwillige Dreiradgefährt wurde noch im selben Jahr abgelöst von

Seite 70: Attrappen mit den Kühlern der GDA-Firmen als Dekoration einer Revue im Berliner Apollo-Theater.
Unten: NAG-Bus als Rundfahrbus im Zubringerdienst, zu Werbezwecken bösartigerweise vor dem »Wernerwerk« des Konkurrenten Siemens (Protos) abgelichtet.
Seite 72: Hansa-Chassis, Brennabor Phaeton und NAG C4.
Unten: Brennabor-Sechszylinderwagen aus dem Jahre 1928, nachdem die GDA zerbrochen war und Brennabor in das Marktsegment von NAG und Hansa-Lloyd einbrechen wollte.

Brennabor 3-Lt-6-Zyl. als Lieferwagen eines Bremer Unternehmens.

einem vierrädrigen Motorwagen mit Zweizylinderaggregat in V-Form. Sodann folgte ein Wagen mit parallelstehendem Zweizylinder mit einer Leistung von 6/8 PS. Alle bis 1910 verwendeten Motoren wurden aus Spezialfabriken bezogen (u. a. von der Firma Bräuer aus Höchst am Main). Erst 1911 wurde ein eigener Motorenbau eingerichtet.

Von Anfang an wurde bei Brennabor der Grundsatz verfolgt, nur wenige Typen zu produzieren. Durch rationelle Fertigung sollten die Motorwagen erschwinglicher werden.

Der Ausbruch des Ersten Weltkrieges im Jahre 1914 legte die Fahrzeugproduktion mit einem Schlage lahm. Da kurz vor dem Kriege neue umfangreiche Produktionsgebäude fertiggestellt worden waren und der Maschinenpark, angeschafft für die noch junge Automobilproduktion, ebenfalls zur Verfügung stand, stellten die wilhelminischen Kriegsherren das Brandenburger Unternehmen von Anfang an in den Dienst der Rüstungsfertigung. Die Grundlage zur rationellen Großproduktion wurde gelegt – wenn auch mit Brennabor-Granaten für kaiserliche Kanonenrohre.

Nach dem Tod der Brüder Adolf (1910) und Hermann (1913), die beide das 70. Lebensjahr überschritten hatten, blieb Carl Reichstein Alleinbesitzer der Fabrik, bis er die Leitung der Werke seinen drei ältesten Söhnen Walter, Carl und Ernst überließ und sie zugleich als Teilhaber aufnahm.

Nach der Niederlage im Ersten Weltkrieg besannen sich die Brennabor-Werke wieder auf die zivile Produktion, doch revolutionäre Kämpfe und Währungsverfall brachten die Wiederaufbauarbeit immer wieder zum Erliegen.

Im Jahre 1921 traf nach 9jährigem Aufenthalt in Amerika der vierte Sohn des Kommerzienrats Carl Reichstein, Eduard Reichstein, wieder in der Heimat ein. Er hatte die amerikanische Automobilfabrikation von Grund auf kennengelernt und war, da der Ausbruch des Krieges ihn in den Vereinigten Staaten festgehalten hatte, während der Zeit des Krieges in der US-Autometropole Detroit tätig gewesen. Sein Arbeitsbereich in den Brennabor-Werken war primär technisch-konstruktiver Natur.

Mit der Wiederaufnahme der zivilen Produktion vollzog sich die Neuorganisation der Werke in der Übertragung der fließenden Fertigung von Massengütern für den Heeresbedarf auf die zivile Produktion. Bevor die deutsche Automobilindustrie sich mit den amerikanischen Produktionsmethoden zu beschäftigen begann und das laufende Band populär wurde, erregte die Tatsache, daß die Brennabor-Werke als erste deutsche Automobilfabrik die Fließbandarbeit schon eingeführt hatten, große Aufregung bei den Konkurrenten – vor allem bei der Opel-Führung in Rüsselsheim, die erst 1924/25 mit ihrer Laubfrosch-Produktion den Vorsprung des Konkurrenten an der Havel mengenmäßig wettmachte.

Während die Brennabor-Werke vor dem Ersten Weltkrieg täglich vier bis sechs Einheiten in ihrer Automobilabteilung erzeugten, stieg die Kapazität in den »Golden Twenties« auf bis zu 120 Stück am Tage an.

Nach der Trennung der GDA-Firmen geriet Brennabor mit seiner verfehlten Modell-Politik voll in den Sog der Wirtschaftskrise. Der »Juwel 8«, Deutschlands billigster Achtzylinder, war kaum noch absetzbar. Er sollte nach dem GDA-Zusammenbruch dem Hansa-Lloyd-Achtzylinderwagen und den sächsischen Horch-Mobilen Konkurrenz machen, entsprach diesen aber qualitativ bei weitem nicht. Die Rettung ihres Unternehmens erhoffte sich der Brandenburger Familienbetrieb schließlich von einer flotten Sportlimousine mit Vorderradantrieb, die in ihrer breit ausladenden, niedrigen und gedrungenen Form Wucht und Kraft, sowie eine unerhört schnittige Linienführung hatte, jedoch wegen mangelnden Geldes nicht zur Serienreife fortentwickelt werden konnte. Nach Durchführung eines Vergleichsverfahrens wurde das Familienunternehmen der Gebr. Reichstein in eine Aktiengesellschaft umgewandelt und ab 1933 nur noch die Fabrikation von Kinderwagen und Fahrrädern sowie Kleinkrafträdern mit Fichtel & Sachs-Motoren fortgesetzt. Der früher so berühmte Brennabor-Rennwagenstall starb sang- und klanglos.

Die NAG

Emil Rathenau, der Gründer und Generaldirektor der AEG, begann sich um das Jahr 1900 für den Automobilbau zu interessieren und ließ die ersten Versuche mit dem Bau von Kraftwagen unternehmen. Um die Anfangsschwierigkeiten leichter zu überwinden, griff die AEG auf eine vorhandene Konstruktion zurück. Es handelte sich um den einzylindrigen Klingenbergwagen (benannt nach seinem Konstrukteur Prof. Klingenberg), der mit seinem 4/5 PS-Motor eine Höchstgeschwindigkeit von 35 km/h erreichen konnte.

Am 18. Oktober 1903 nahm die erste NAG-Droschke ihren Betrieb auf.

Die NAG prosperierte und zog schon 1904 von ihren Geschäfts- und Verwaltungsräumen in der Berliner Luisenstraße in die ausgedehnten Büros in der Dorotheenstraße. Die Herstellung der Wagen erfolgte dagegen weiterhin auf dem umfangreichen Gelände des Kabelwerks der AEG in Oberschöneweide. Längst brauchten die Vehikel, überall schnell erkennbar an ihrem typischen runden Kühler, vor keiner anderen Marke mehr zurückzustehen.

Die Fabrikationsanlage war zunächst für eine Jahresproduktion von 500–600 Motorfahrzeugen zugeschnitten und beschäftigte etwa 600 Arbeiter. Ausgeführt wurden im Jahre 1904 Sportwagen mit Zweizylindermotor von 10 bis 12 PS, solche mit Vierzylinder von 20 bis 24 PS, zwei- und vierzylindrige Gebrauchspersonenwagen wie Taxameterdroschken, Omnibusse bis 30 Personen, Reklame- und Transportfahrzeuge, zwei- und vierzylindrige Lastwagen für eine Tragfähigkeit von 2000, 3500 und 6000 kg, endlich Vorspannmaschinen für eine Lastbeförderung von 10 bis 20 t.

Im selben Jahr noch gesellte sich zur Fabrikation dieser Motorwagentypen die Herstellung von Omnibussen und Lastfahrzeugen, die ihren Antrieb durch eine doppelte elektrische Oberleitung erhielten. Hinsichtlich der maschinellen Ausrüstung stand die NAG (dank finanzieller Rückendeckung der AEG) auf der Höhe ihrer Zeit. In ihrer Haupthalle waren die leistungsfähigsten Präzisionsmaschinen tätig.

Zahlreiche NAG-Fahrzeuge gingen an das öffentliche Fuhrgewerbe, in dem sich auch die NAG selbst stark engagierte und die »Automobil-Betriebs-Gesellschaft« (ABG) gründete.

Schon 1905 mußten die NAG-Fabrikationsräume so stark erweitert werden, daß sich die Leistungsfähigkeit des Werkes um das Vierfache erhöhte. Der große Hallenbau wurde durch einen fünfstöckigen Hochbau ersetzt, der, ursprünglich 70 m lang, 1902 auf eine Gesamtlänge von 190 m ausgedehnt wurde.

1912 wurde die G.m.b.H. in eine Aktiengesellschaft umgewandelt. Damals zeigte die NAG durch Schaffung eines Kardanomnibusses, auf den die Allgemeine Berliner Omnibus-A. G. ihren ganzen Fuhrpark umstellte, daß die Kardanachse auch für den Antrieb schwerer Wagen allen anderen bis dahin angewandten Übertragungsarten (etwa der Kette) weit überlegen war.

Der Export begann eine außerordentliche Rolle zu spielen. Die Einnahmen aus den Auslandsverkäufen waren zeitweise größer als die aus den Inlandsumsätzen.

Der Kriegsausbruch im August 1914 wies die NAG in eine völlig andere Richtung. Die Fabrikation von Personenwagen hörte auf. Zum ersten Male wurde im großen Stil die Serienfabrikation von 3½- und 5 t-Lastwagen durchgeführt. Die NAG mußte sich dabei mit ungeschultem Personal behelfen und zum großen Teil mit Ersatzstoffen arbeiten, die qualitativ an die im Frieden verwandten Rohstoffe nicht einmal entfernt heranreichten. Trotzdem waren auch nach dem Krieg noch viele dieser NAG-Lastwagen jahrelang zur Zufriedenheit ihrer Benutzer im Einsatz, was für die Qualität des Fabrikats sprach.

Von 1916 bis zum Kriegsende stand ein beträchtlicher Teil des Werkes für die Herstellung von Flugzeugmotoren zur Verfügung. So lag es für den Rüstungsbetrieb nahe, seinen Firmentitel entsprechend in »Nationale Automobilgesellschaft« umzuwandeln.

Oben: Elektrischer Kleinwagen der Hawa (Hannover), die die GDA zur Abrundung ihres Programms nach unten mitanbot.
Unten: NAG C4 als Reklamewagen.

Robert Allmers

Robert Allmers wurde 1872 im Oldenburgischen geboren. Zu seinen Vorfahren zählte der bekannte Dithmarschen-Dichter Hermann Allmers.
Robert Allmers verlebte die Jugendjahre im Haus seiner Eltern in Varel, wo der Vater den Zeitungsverlag »Der Gemeinnützige« sowie eine Buchdruckerei besaß. Nach Besuch des Realgymnasiums studierte Robert Allmers Rechts- und Staatswissenschaften in Freiburg, München und Berlin. 1896 beendete er das Studium mit der staatswissenschaftlichen Promotion.
Allmers übernahm im Anschluß die väterliche Druckerei und die Vareler Zeitung »Der Gemeinnützige«.
Als das Automobil zur Jahrhundertwende seine »Gründerzeit« durchmachte, konnte sich Allmers der Faszination des Motorwagens nicht entziehen. Nach zahlreichen Erprobungen von Fremdfabrikaten, die ihn allesamt nicht befriedigten, beschloß Allmers den Bau einer Eigenkonstruktion. Zusammen mit dem befreundeten Ingenieur Sporkhorst und seinem Schwiegervater Koppen, beide ebenfalls aus Varel, gründete er die Hansa-Automobil-Gesellschaft m.b.H., deren kaufmännischer Direktor, Teilhaber und späterer Generaldirektor bei der Hansa-Lloyd in Bremen er wurde. Durch Teilnahme an zahlreichen Zuverlässigkeitsfahrten machte Allmers, vor allem in den letzten Jahren

vor dem Weltkrieg, sein Fabrikat bekannt und schuf sich durch neue Konstruktion auch einen Namen in den Kreisen der Kraftfahrzeugtechniker, wovon diverse Patente zeugen.
Während des Ersten Weltkriegs stellte Allmers seine kaufmännischen Fähigkeiten voll in den Dienst der deutschen Kriegsführung. Besonders die aus der Fusion der Namag (Bremen) mit der Hansa (Varel) hervorgegangenen Hansa-Lloyd Werke sorgten für eine umfangreiche Heeresmotorisierung sowie ständigen Nachschub von Granaten, die sowohl von russischen und französischen Kriegsgefangenen

Trotz der kriegsbedingt schlechten Verhältnisse wurde 1916 der Entschluß gefaßt, nach den noch mit Geheimrat Rathenau kurz vor seinem Tode festgelegten Plänen ein vollständig neues Werk zu errichten.

Nach dem Ende des Ersten Weltkriegs machten Streiks und Unruhen jahrelang eine normale Produktion unmöglich. Die Herstellung von Flugmotoren war durch den Versailler Vertrag verboten. Die Beschaffung von Rohmaterialien wurde immer schwieriger.

Noch 1918 beschloß die NAG, sich lediglich auf einen Personenwagentyp und zwei Lastwagentypen einzustellen, und suchte Partner, die dieses Programm ergänzen und dadurch die Vertriebskosten senken konnten. Die GDA entstand.

Der neu geschaffene 10/30 PS-Personenwagen errang bald große Erfolge und avancierte zum Verkaufsschlager. Auch im Bau von Lastwagen und Omnibussen erlangte die NAG ihre alte Stellung wieder. Als erste Lastwagenfabrik rüstete die NAG auch ihren Fünftonner mit Kardanübertragung aus. Später folgte diesem Schritt die ganze heimische Lastwagenindustrie.

Die NAG hatte 1927 den Zenit ihres Erfolges überschritten. 1926 mußte die Produktion des »Monza«, einer der erfolgreichsten Sportwagen für Privatfahrer, eingestellt werden. Dieser Wagentyp, 1921 Sieger beim ersten Avusrennen im Berliner Grunewald und 1924 Erstplazierung beim 24-Stunden-Rennen in Monza, fand trotz seiner unbestreitbaren Qualitäten immer weniger Abnehmer.

Längst verlangte das Publikum mit seinen erhöhten Ansprüchen nach mehr Hubraum und PS, doch die NAG-Geschäftsleitung erkannte diesen Trend im Gegensatz zur Konkurrenz zu spät. Bei der übereilten Konstruktion von Nachfolgemodellen traten Probleme auf. Der größte Fehler bestand jedoch darin, auf das bewährte, aber leichte Fahrgestell des Typ C 4, dem konventionellen Tourenfahrzeug, schwere Limousinenkarosserien aufsetzen zu wollen. Es gab wiederholt Rahmenbrüche. Diese nur einige hundert Exemplare umfassende NAG-Serie schadete dem vormals so erstklassigen Ruf der Autobauer aus Oberschöneweide so nachhaltig, daß bei der NAG bald der gesamte Pkw-Absatz ins Stocken kam.

Zwar schluckte die NAG in den folgenden Jahren noch einige Mitwettbewerber, darunter die Protos-Automobil-G.m.b.H. in Berlin und die Prestowerke AG in Chemnitz, doch am geschäftlichen Mißerfolg änderte sich nichts.

Mehrmals debütierte die NAG noch mit eleganten und verbesserten Modellen der gehobenen Klasse und machte auch Hansa-Lloyd sowie der Hansa absatzmäßig zu schaffen. Aber den eigentlichen Markt für Luxusfahrzeuge hatten längst Daimler-Benz, Horch, Adler und Maybach im Griff. Ganz abgesehen von den amerikanischen Marken, die zum Teil mit eigenen Montagebändern in Deutschland vertreten waren und guten Absatz fanden.

1934, nach mehr als dreißigjähriger Automobilproduktion, verlor die NAG die Lust am Bau von Motorwagen und stellte die Fertigung ein. Der Lkw-Bau ging an die Braunschweiger Firma Büssing über. Nach 1945 wurde der Berliner Betrieb demontiert.

GDA-Niederlassungen

Die Gemeinschaft Deutscher Automobilfabriken war bis zu ihrer Auflösung an 43 großen Orten Deutschlands durch eigene Niederlassungen vertreten. Diese Niederlassungen waren zum überwiegenden Teil 1919, als die GDA gegründet wurde, von den Werken, denen sie bis dahin gehörten, als »Morgengabe« an die neue Verkaufsgemeinschaft eingebracht worden. Die äußere Gestalt dieser Räume stammte in allen Fällen schon aus der Zeit vor dem Ersten Weltkrieg. Während des Krieges und während der politischen und wirtschaftlichen Stürme der jungen Weimarer Republik nahm man an ihnen kaum Ausbesserungen oder komplette Umgestaltungen vor.

Die GDA war in den ersten Jahren ihres Bestehens mit der Lösung anderer Probleme beschäftigt gewesen, so daß die Verkaufsniederlassungen zunächst in derselben Weise bestehen blieben, wie sie von den Werken übernommen wurden.

Mitte der zwanziger Jahre allerdings war der mittlerweile eingetretene Zustand der Verkaufsräume so unerfreulich, daß die GDA sich gezwungen sah, sofort mit der Erneuerung beim größten Teil ihrer Verkaufssalons zu beginnen. Dabei setzte auch ein Umdenken ein. Im Gegensatz zu bestehenden prunkvollen Ausstellungslokalen, welche dem Automobil den Stempel eines Luxusgegenstandes aufprägten, sollte eine zweckmäßige und »vornehme Einfachheit« der GDA-Räume angestrebt werden, damit der Wagen selbst dem Beschauer als Hauptsache entgegentrat, während das Verkaufslokal einen zwar freundlichen aber unauffälligen Hintergrund abgab. Diese Richtlinien gingen natürlich auch konform mit dem Sachzwang, bei der Ausgestaltung der Räume größtmögliche Sparsamkeit walten zu lassen. Alles Beiwerk, was sich in früherer Zeit breitmachte (Blumenbeete in den Schaufenstern, Gemälde an den stucküberladenen Wänden, umfangreiche Aufstellung von Zubehörteilen) wurde vermieden. Dagegen legte man größten Wert auf die Beleuchtung. Erzielt wurde dies durch

als auch einheimischen Frauen in Schwerstarbeit produziert wurden.
Kurz vor dem Kriegsende veröffentlichte Allmers, die Niederlage vorausahnend, eine Denkschrift internen Charakters mit dem Titel »Was der deutschen Automobilindustrie nottut!« Darin forderte er den Zusammenschluß der automobilindustriellen Interessen, um die drohende Krise der Nachkriegszeit zu überbrücken. Ergebnis war die Gründung der Gemeinschaft Deutscher Automobilfabriken.
Als in der Inflationszeit der deutsche Markt von ausländischen Fahrzeugen geradezu überschwemmt wurde und sich die deutsche Automobilindustrie als wenig konkurrenzfähig erwies, forderte Allmers hohe Schutzzölle und verfaßte den markigen Aufruf: »Ein deutscher Mann fährt deutsche Wagen!«
Ein Jahr später berief ihn die deutsche Automobilindustrie an die Spitze ihres Verbandes (RDA), der aus dem alten, 1901 gegründeten VDMI (Verein Deutscher Motorfahrzeugindustrieller) hervorgegangen war. Als solcher betreute Robert Allmers auch die Berliner Automobilausstellungen. Die Ausstellung 1928 brachte erstmals wieder die Anerkennung der Berliner Schau als *internationale* Veranstaltung, was als persönlicher Erfolg Allmers' angesehen wurde. Nach einer kurzen Scheinblüte der deutschen Automobilindustrie 1927/28 folgten die Krisenjahre bis 1933. Allmers selbst trennte sich von sämtlichen Aktien der von ihm mitbegründeten Hansa-Lloyd Werke und wurde 1929 von dem hemdsärmeligen Dreirad Fabrikanten Carl F. W. Borgward kurzerhand aus sämtlichen Positionen bei seiner Firma gedrängt, ja brüsk vor die Tür gesetzt.
Nach 1933 stellte sich Allmers weitgehend in den Dienst der Motorisierungspolitik der Nationalsozialisten. Er beschäftigte sich mit Fragen der Materialbewirtschaftung und der Typenbereinigung, geriet aber wegen seiner ständigen Animositäten gegen das Käfer-Projekt in eine gewisse Ungnade bei Hitler. Einzig bei Göring war er noch wegen seiner Jagdleidenschaft wohlgelitten und jagte mit der NS-Prominenz Elche in Ostpreußen und kapitale Hirsche in der Schorfheide in Berlin. Robert Allmers verstarb am 27. Januar 1951 in Koblenz. Seine letzten Lebensjahre hat er, der ehemalige Buchdrucker und Verleger, der Herausgabe seiner eigenen Romane in seinem Burgverlag gewidmet.

Das Typenprogramm sah zunächst so aus:

PKW:
6/20 PS Brennabor
8/24 PS Brennabor
8/36 PS Hansa
8/36 PS Hansa-Sportwagen
10/45 PS NAG
10/45 PS NAG-Monza
(Typ C 4 b-Sportwagen)
18/60 PS Hansa Lloyd

LKW:
¾ to Brennabor
1 to Brennabor
2 to Hansa-Lloyd
3 to NAG
5 to NAG
Hansa-Lloyd Elektromobile
Hansa-Lloyd Omnibusse für 14–20 Personen
NAG Omnibusse für 30–50 Personen

große, weit herunterreichende Schaufenster, lichte Farbbehandlung von Decken und Wänden, Verwendung hellen Fußbodens, der teilweise in weißen Fliesen ausgeführt wurde, und durch Anbringung einer Vielzahl von Lichtquellen. Für die äußere Gestaltung wurde nach Möglichkeit eine ruhige Fassadenwirkung angestrebt, auf der die charakteristische GDA-Beschriftung sich markant hervorheben konnte. Hier konnte die seinerzeit modernste Lichtwirkung als Reklamebeleuchtung unter Verwendung von selbstleuchtenden Buchstaben angewandt werden, bei guter Fernwirkung wurden auch die weithin strahlenden, bunt leuchtenden Neon-Leuchtröhren angebracht.

Die Wiederkehr des gleichen innenarchitektonischen Grundgedankens drückte den GDA-Ausstellungsräumen eine einheitliche Note auf, so daß der potentielle Autokunde, der in einer oder zwei Städten die Niederlassungen der GDA gesehen hatte, auch in allen anderen Niederlassungsstädten die Ausstellungsräume sofort wiedererkannte. Nachdem die Erneuerungsarbeiten bei den GDA-Filialen im Sommer 1926 zu einem gewissen Abschluß gekommen waren, stellte sich das Bild der Niederlassungslokale wie folgt dar:

In Berlin besaß die GDA zwei Verkaufsniederlassungen: am Kurfürstendamm und Unter den Linden. Bei dem Ausstellungslokal Unter den Linden 43 handelte es sich um eine frühere NAG-Filiale. Sie mußte den traditionsgemäß an diesem Prachtboulevard angesiedelten Vertriebsstellen der anderen Automobilfabriken würdig angepaßt werden. Eine originelle Vergrößerung des an und für sich gedrängten Ausstellungsraumes wurde durch Verkleidung der Seitenwände mit Spiegeln erzielt. Außerdem wurde hierdurch in Verbindung mit hellen Fliesen und einer aufwendigen Deckenbeleuchtung Helligkeit in den zuvor recht düsteren Raum gebracht. Der an der historischen Kranzlerecke Unter den Linden/Friedrichstraße stehende Passant wurde durch die blauen Neon-Leuchtbuchstaben der GDA schon von weitem auf die Niederlassung aufmerksam gemacht.

Da das Ausstellungslokal Unter den Linden für die Präsentation des gesamten GDA-Programms viel zu klein war, hatte die GDA schon im Januar 1925 am Anfang des Kurfürstendamms (wo sich heute die Budapester Straße vom Aquarium bis zum Interconti-Hotel erstreckt), in einer Gegend, die den lebhaftesten Automobilverkehr Berlins aufwies, eine zweite Niederlassung eröffnet. Die ausgedehnten Verkaufs- und Geschäftsräume am Kurfürstendamm 8 a befanden sich an der Stelle, wo einst das Caféhaus des Zoo sich erstreckte.

Die Eröffnung fand viel Beachtung. So schrieb das »8 Uhr-Abendblatt« am 3. 1. 1925:

»Zum neuen Jahr hat die Gemeinschaft Deutscher Automobilfabriken (NAG, Hansa-Lloyd, Brennabor, Hansa) ihr gewaltiges Unternehmen wertvoll bereichert durch die Eröffnung der GDA-Filiale am Kurfürstendamm 8 a. (...) Die Direktoren Gossi, Walter Reichstein, Kleczewer, Dalchow empfingen und begrüßten die geladenen Gäste in den außerordentlich geschmackvollen Geschäftsräumen, die Prof. Poelzig in der ihm eigenen meisterlichen Art (künstlerisch und praktisch) geschaffen und ausgestaltet hat. Ein wertvoller Mitwirkender war hierbei Architekt Landsmann.

Die Direktoren Walter Reichstein und Dalchow schilderten in packender Rede den stolzen Weg, den die GDA seit ihrer Gründung gegangen ist. Das neue Haus am Kurfürstendamm ist ja auch wirklich ein neuer Beweis von der industriellen Expansion dieses mächtigsten industriellen Betriebes, der zu der Filiale Unter den Linden sich diesen Erweiterungsbau schaffen mußte. Dann übergab Direktor Dalchow die Leitung des neuen Autohauses an Direktor Schulze, der auch die Filiale Unter den Linden seit Bestehen (1919) leitet. Die Personenwagen und Lastkraftwagen in der gediegenen Werkmannsarbeit der GDA-Fabriken werden an dieser Heerstraße des Berliner-Automobilverkehrs den alten und neuen Freunden ›kauf-angenehm‹ ins Auge fallen.«

Außer dieser neuen Niederlassung hatte die GDA einen weiteren Betrieb geschaffen, der Hansa-Lloyd-Fahrern und anderen GDA-Kunden sehr willkommen war. Sie hatte die ehemaligen Szawe-Werke in Reinickendorf-West erworben und deren Gebäude gründlich umgebaut sowie mit modernsten Maschinenanlagen ausgerüstet. Die GDA verfügte damit über die umfangreichste Reparaturwerkstätte Groß-Berlins.

Die GDA verlegte ihren Reparaturbetrieb bewußt vom Stadtinnern an die Grenze der Reichshauptstadt. Die »GDA-Rundschau« berichtete in Heft 10/1927:

»Die Erkenntnis der Unrentabilität einer in der City gelegenen großen Reparaturwerkstatt veranlaßte die GDA, ein umfangreiches Reparaturwerk (...) in Reinickendorf-West, Spandauer Weg 1–2, zu errichten.

Kann ein großer Reparaturbetrieb im Stadtinnern wirklich nicht billig arbeiten? – Nein, und zwar aus folgenden Gründen:

Ein Reparaturbetrieb kann nur gute, schnelle und billige Arbeit leisten, wenn er groß aufgezogen ist. Ein großer Betrieb ist aber nur in großen Räumen möglich. Große Räume sind im Stadtinnern, wenn überhaupt, nur zu Kauf- und Mietpreisen zu haben, die für Reparaturzwecke untragbar sind. Dann können die Reparaturen nicht billig, sondern sie müssen sehr teuer sein, da jeder Quadratmeter Boden oder Kubikmeter Raum, den das Fahrzeug während seiner

Reparatur in Anspruch nimmt, vom Werkstättenbesitzer oder von seinem Kunden viel zu teuer bezahlt werden muß. Auf alle Fälle ist ein solches Unternehmen von vornherein zur Unrentabilität verurteilt.«

Trotz der seitens der Kundschaft zuerst laut gewordenen Bedenken, daß der Weg zur Reparaturstätte zu weit wäre, wurde das GDA-Werk Reinickendorf schnell von den vielen Brennabor-, NAG-, Hansa- und Hansa-Lloyd-Fahrern angenommen. Durch den großen Maschinenpark war die Werkstatt nämlich in der Lage, auch kurzfristig komplizierte Reparaturen vorzunehmen. Außerdem erlaubte es das weiträumige Werkstattgelände, ein umfangreiches Ersatzteillager aufzubauen, wie es beim Gros der Konkurrenzfabrikate bei weitem nicht der Fall war!

Ausgesprochen beschleunigt wurde die Reparatur eines Wagens aus dem GDA-Programm durch die Bereithaltung großer Mengen von Ersatzteilen. In Reinickendorf lag auf einer Fläche von 650 qm ein Ersatzteilvorrat von 6000 verschiedenen Kfz-Teilen.

Der Ausbildung von NAG-, Hansa-Lloyd- und Brennabor-Fahrern dienten die im Werk Reinickendorf eingerichteten, regelmäßig abgehaltenen Chauffeurkurse. Die »GDA-Rundschau« warb: *»Selbstfahrer und Kraftwagenführer finden auf den unweit des Werkes gelegenen verkehrsstillen Straßen ein ideales Übungsgelände, das dem Anfänger besonders willkommen sein dürfte.«*

Eine weitere große GDA-Niederlassung befand sich in Köln. Sie lag im Großbankenviertel der Stadt, gegenüber der Gereonskirche und war 1924 modernisiert worden.

Die GDA-Niederlassung Köln hatte Raum für 10–12 Ausstellungswagen und verfügte unmittelbar anschließend über repräsentative Empfangs- und Verhandlungszimmer. Dem Passanten gaben vier große Schaufenster einen Überblick über die ausgestellten NAG-, Hansa-Lloyd- und Brennabor-Wagen. Im Seitenflügel lagen hofwärts die kaufmännischen Büros, Kasse und Ersatzteilfertigung.

Das im Hof des Hauses gelegene vierstöckige Werkstattgebäude mit Garagen im Kellergeschoß entsprach den Bedürfnissen eines großen Automobilbetriebs.

Die Garage bot mit 14 Einzelboxen und einer großen Sammelhalle Raum für 50 Wagen und war infolge ihrer zentralen Stadtlage stark frequentiert. Im Erdgeschoß und im 1. Stockwerk wurden die eigentlichen Werkstatträume untergebracht. Die Werkstätte war in der Lage, 100 Reparaturwagen gleichzeitig in Arbeit zu nehmen.

Das Zwischengeschoß war mit einem umfangreichen Ersatzteillager belegt. Das zweite Obergeschoß diente als Abstellraum für fabrikneue und eingetauschte Wagen. Dort wurden außerdem in besonderen Räumen Karosseriereparaturen und Neulackierungen ausgeführt. Ein Lastenaufzug ermöglichte den Transport der Fahrzeuge von der Garage bis zum dritten Stockwerk.

Das von den GDA-Stammwerken eingerichtete Austauschverfahren für Motor-, Getriebe- und Hinterachsaggregate war in weitestem Umfang in allen GDA-Werkstätten eingeführt. Dahinter standen kaufmännische Überlegungen. Es hatte sich gezeigt, daß die Reparaturen durch die Verwendung der Austauschaggregate für den Kunden bedeutend billiger wurden, da die defekten Aggregate nicht etwa in Köln oder Königsberg, sondern in den Werken selbst im Akkord zu erheblich billigeren Sätzen wieder hergestellt wurden, als es in Einzelarbeit bei der jeweiligen Reparaturwerkstätte möglich gewesen wäre.

In Dresden benutzte die GDA einen Verkaufsraum weiter, den ursprünglich die NAG bezogen hatte. Die Modernisierung der Außenfront 1925 war dort besonders schwierig, weil die aus dem für Dresden herkömmlichen Sandsteinmaterial erbaute Fassade des Hauses mit ihren Rustica-Quadern nach dem Willen des Rates der Stadt Dresden unversehrt erhalten bleiben mußte. *»Nur nach langwierigen Verhandlungen gelang es«*, klagte die GDA, *»wenigstens eine neue Firmenbeschriftung mit Lichtschlitzbuchstaben durchzusetzen, die die unruhige Front zusammenhält.«*

Zur bedeutendsten GDA-Verkaufsniederlassung neben Berlin gehörte die Filiale in Leipzig. Es handelte sich dabei um eine frühere Hansa-Lloyd-Filiale, die von Robert Allmers ursprünglich gegründet wurde, um am Sitz der bedeutenden Leipziger Messe eine repräsentative Vertretung zu haben.

Als Leiter der Leipziger Filiale fungierte Wal-

Seite 76: Zwei NAG-Rennwagen beim AVUS-Rennen 1921, das der Werksfahrer Rieken gewann. Seite 77: GDA-Verkaufsräume in der Budapester Straße (heute Zoo) in Berlin um 1925.

Hansa-Lloyd stellte 1924 in Berlin aus:

Personenwagenstand
1 Sport-Phaeton 18/60 PS
1 Pullmann-Limousine 18/60 PS
1 Kabriolett 18/60 PS

Lastwagenstand
1 Schnell-Lastwagen 2 Tonnen
1 Omnibus
1 Aussichtswagen
1 Kastenwagen
1 Elektroschlepper, Typ D L 5
1 Elektro-Lastwagen für 2 Tonnen
1 Elektro-Transportkarren

Elektrolastwagenstand
1 normaler Elektro-Transportkarren
1 Elektro-Hub-Karren
1 Portalkran-Karren
1 Karren mit Auslegerkran oder Kippkarren

Auf der Straße wurden zusätzlich von Hansa-Lloyd vorgeführt:

1 Karren mit Sattelwagen
1 Schleppkarren
1 leichter Anhänger
1 schwerer Anhänger
1 Dreitonnen-Anhänger
1 normaler Karren
1 Karren mit Spindelkipper
1 Karren mit Abrollkipper

Das Vareler Hansa-Werk zeigte auf seinem Personenwagenstand:

1 blankes Fahrgestell 8/36 PS
1 offener Tourenwagen 8/36 PS
1 offener Sportwagen 8/36 PS
1 Innensteuer-Limousine 8/36 PS

ter Dalchow, der auch in die Geschäftsleitung der GDA berufen wurde.

Während des Ersten Weltkriegs richtete Dalchow die Hansa-Lloyd-Werkstatt für die Reparatur von Heeresfahrzeugen her. Zeitweise wurden hier auch Hansa-Lloyd-Lastkraftwagen montiert. Nach der Auflösung der GDA 1929 übernahm übrigens die NAG den florierenden Reparaturbetrieb; später – nach der Fusion der NAG mit Büssing – ging er an Büssing über und bestand bis zum Kriegsende 1945 als Werk Leipzig von Büssing-NAG weiter.

Neben den zahlreichen GDA-Verkaufsniederlassungen gab es auch 257 selbständige Händlerbetriebe, die vornehmlich in kleineren Städten die Marken der GDA vertraten. Auf die vertraglich gebundenen Händler fielen 70% des Umsatzes, während das GDA-eigene Filialnetz, die größte werkseigene Verkaufsorganisation in Deutschland (1000 Mitarbeiter), 30% des Umsatzes machte.

Als die Liquidation der GDA für den 31. Dez. 1929 beschlossen wurde, fiel diese mühsam aufgebaute Händlerstruktur zusammen. Zwar versuchten die einzelnen GDA-Gesellschafter für sich möglichst viele Filialen an Land zu ziehen, aber meist fehlte es an Geld. Die Wirtschaftskrise Ende der zwanziger Jahre steckte einen engen Rahmen für Erwerbungen. Zahlreiche Filialbetriebe wurden auch von Fremdfirmen übernommen, etwa von der Daimler-Benz AG. Johann Heinrich von Brunn: *»Es ist (...) interessant, daß einige der fähigsten und größten Händler aus den Erfahrungen bei der GDA zu dem Ergebnis gekommen waren, daß es für einen Handelsbetrieb am zweckmäßigsten ist, ein umfassendes Verkaufsprogramm anbieten zu können. Deshalb wurden einige GDA-Händler später Daimler-Benz-Vertreter, da Daimler-Benz ein breites Programm von Personen- und Lastwagen sowie Spezialfahrzeugen anzubieten hatte.«*

GDA-Messestände

Die Deutsche Automobilausstellung 1924 fand in der Zeit vom 10. bis zum 18. Dezember in den Berliner Ausstellungshallen am Kaiserdamm statt. Man blickte damals auf 25 Jahre Automobilausstellungen in Deutschland zurück. Die der Gemeinschaft Deutscher Automobilfabriken angeschlossenen Werke NAG., Brennabor und Hansa-Lloyd zeigten ihre Fabrikate in den beiden Ausstellungshallen auf je vier zusammenhängend liegenden Ständen (die Vareler Hansa-Werke genossen einen Sonderstatus, obwohl nicht zur GDA gehörend). Die vier Stände in der Personenwagenhalle bildeten

mit je 120 qm Fläche ein geschlossenes Rechteck. Die Hansa-Lloyd Werke stellten auf Stand Nr. 46 aus, die Hansa-Werke auf Nr. 60. In der Lastwagenhalle lagen die Ausstellungsstände der GDA mit einer Längsseite gleichfalls am Hauptgang, der sich mitten durch die ganze riesige Halle zog. Die NAG und Hansa-Lloyd zeigten ihre Nutzfahrzeuge auf je 150 qm Fläche in zwei hintereinanderliegenden Ständen Nr. 413 und Nr. 581. Gegenüber dem großen Hansa-Lloyd-Stand lag noch ein 30 qm umfassender kleinerer Hansa-Lloyd-Stand Nr. 580, auf dem Elektrotransportkarren gezeigt wurden.

Die Automobilausstellung 1926, inzwischen zu Füßen des Funkturms gelegen, übertraf an Bedeutung alle Ausstellungen nach dem Ersten Weltkrieg.

1926 herrschte Kraftfahrzeughochkonjunktur. Und demzufolge waren auch beide Kaiserdammhallen voll besetzt. Die Gemeinschaft Deutscher Automobilfabriken zeigte auf je drei zu einem Ganzen zusammengeschlossenen Ständen in der Personen- und in der Lastkraftwagenhalle ihr Werksprogramm, das alle Kraftwagentypen vom kleinen viersitzigen Personenwagen bis zum schweren Fünftonner-Lastwagen umfaßte. Die Hansa-Lloyd Werke stellten natürlich auf ihrem Personenwagenstand ein Fahrgestell ihres 100 PS-Achtzylinders aus. Auf dem Lastwagenstand bildete der Hansa-Lloyd Hochsitzomnibus, ein Wagen der Reichspost, den Hauptanziehungspunkt. Der Rumpf des Fahrzeugs war in leuchtendem Postgelb gehalten, gegen das sich der Oberbau und

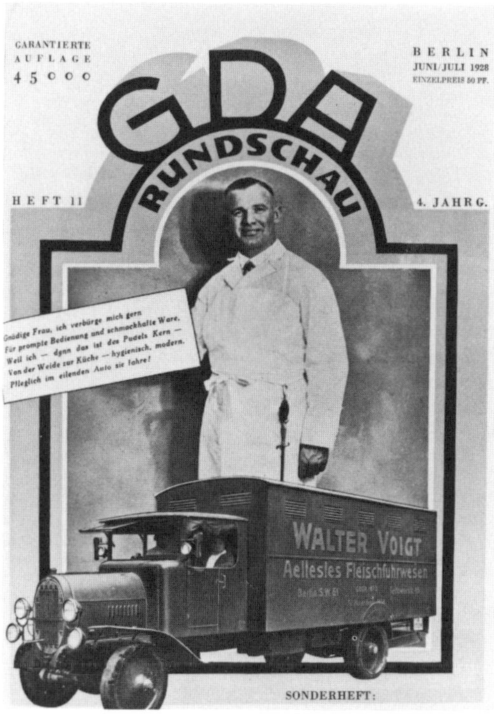

die Kotflügel in kornblumenblauer Farbgebung wirkungsvoll abhoben.

Die in der Zeit vom 29. Okt. bis zum 7. November gezeigte Deutsche Automobilausstellung war zweifellos ein wirtschaftlicher Erfolg. Mehr als 300 000 Personen besuchten die Stände.

Die deutsche Automobilindustrie hatte seit Kriegsschluß einen einschneidenden Konzentrationsprozeß durchgemacht. Während 1923 noch 77 Hersteller mit 118 Typen vertreten waren, wurden 1926 von 30 Herstellern nur noch 43 Typen gezeigt. Robert Allmers, der neue Vorsitzende des Reichsverbandes der Automobilindustrie in einer Presseerklärung:

»Der Haupterfolg der Ausstellung liegt darin, daß das Publikum zu der Erkenntnis gekommen ist, daß die deutsche Automobilindustrie in dem letzten Jahre ungemein große Fortschritte gemacht hat, sowohl was die Preise betrifft, als auch in bezug auf die Konstruktionen. Daher die zahlreichen Verkäufe auf der Ausstellung, daher das Drängen der Händler nach Abschlüssen mit deutschen Fabriken, und zwar von Händlern, die bis dahin ausländische Wagen bevorzugt haben. In wenigen Jahren wird man vom ausländischen Wagen in Deutschland wenig mehr reden, desto mehr vom deutschen Wagen im Ausland.« Das war natürlich Zweckoptimismus, aber tatsächlich erzielten gerade die GDA-Fabriken gute Verkaufserfolge auf der Automobilausstellung 1926. Hansa-Lloyd verkaufte die erste Anzahl Achtzylinderwagen, dessen Serienfertigung jetzt anlief. Und die ohnehin schon stark verbreiteten Hansa-Lloyd 2 to-Expreß waren auch auf der Ausstellung gefragt.

1927 entschloß sich der Reichsverband der deutschen Automobilindustrie erstmals eine Ausstellung im Westen Deutschlands, in der Rheinmetropole Köln, abzuhalten: die Internationale Lastwagenausstellung. Man hielt den rheinisch-westfälischen Industriebezirk für ein besonders aufnahmefähiges Bedarfsgebiet für Nutzfahrzeuge aller Art, dem Rechnung getragen werden sollte.

Die Kölner Lastwagenausstellung war die erste internationale Ausstellung in Deutschland seit 1914. Die Stammwerke der GDA zeigten ihre Lkw-Fabrikate im geschlossenen Rahmen auf drei großen zusammenhängenden Ständen, wobei die Hansa-Lloyd Werke wie immer mit ihren Expreß-Lieferwagen in den Mittelpunkt rückten, aber auch Neuheiten wie den Geradrahmen-Omnibus und den Hansa-Lloyd-Expreß-Salonwagen auf Niederrahmenfahrgestell zeigten.

Auf der Lastwagenausstellung 1928 in Leipzig kam es innerhalb der GDA zu heftigen Auseinandersetzungen, – nachdem die NAG auf ihrem Stand einen 2½ to-Lkw präsentierte – an denen die GDA letztlich zerbrach und in der Folge alle vier GDA-Marken.

Links: GDA-Rundschau Titelblätter aus dem Jahre 1928.
Unten: GDA-Stand auf der Automobilausstellung in Berlin 1925.
Ganz unten: Stand auf der Automobilausstellung in Berlin 1924.

HANSA WAGEN
HANSA
AUTOMOBILE
HANSA
HANSA
DEPOSITEN
HANSA WAGEN
DEUTSCHE BANK
MAXIMILIAN STRASSE

Personenwagen der Marke »Hansa« 1921–1929

Die Vareler Hansa-Werke waren in den zwanziger Jahren nach der Trennung von Hansa-Lloyd eine reine Personenwagen-Schmiede. Obwohl die Modelle dieser Zeit keine Neu-, sondern Weiterentwicklungen der Vorkriegsmodelle waren bzw. keine eigenen, sondern konventionelle US-Motoren zum Einbau kamen, erregte das kleine Werk immer wieder Aufsehen in der Motorwelt. Der Grund waren die sportlichen Aktivitäten der Vareler Fabrik, die bedeutende Zuverlässigkeitsprüfungen siegreich abschloß und damit an die Vorkriegstradition anschloß. Oft mußten allerdings die sportlichen Erfolge die ökonomischen Mißerfolge kaschieren, die trotz des guten Images der Marke – »ausgereifte Qualitätsarbeit« – wegen der unrationellen Fertigung auftraten.

Die Konstruktion stammte zwar schon aus der Zeit vor dem Ersten Weltkrieg, aber dennoch vermochten die Hansa-Werke in Varel einige tausend Exemplare des Typ P in der Weimarer Zeit an den Kunden zu bringen. Der Wagen galt als grundsolide und kam 1924 noch einmal kräftig ins Gespräch, als die Hansa-Werke bei der Reichsfahrt den Teampreis gewannen.

Hansa Typ P

Nachdem die Hansa Automobilwerke 1921 wieder ein eigenständiges Unternehmen wurden, fertigten sie einen Fahrzeugtyp, dessen Konstruktion schon aus der Zeit vor dem Ersten Weltkrieg stammte: den 8/26 PS Typ P. Es wurde ausschließlich dieses Modell gebaut! 1924 wurde dieser Wagentyp mit stärkerer Maschine (36 PS) und neuem Kühlergrill angeboten. Der Hansa-Personenwagen war ein einfach-schönes, zweckentsprechendes und bequemes Fahrzeug. An neuzeitlicher Automobiltechnik verfügte es über Linkssteuerung und Mittelschaltung. Dadurch kam die umständliche Hantiererei mit wenig zweckentsprechend angeordneten Schalt- und Bremshebeln in Fortfall. Das Herstellerwerk betonte als besondere Vorzüge des Hansa-Wagens 8/36 PS *»die Verwendung von Leichtmetallventilstößeln, die leicht wirkende Kupplung, die Verwendung von gummierten Gelenkscheiben als Zwischenstükke, wie zur Aufnahme der Kardanwelle vorn und hinten, zur Vermeidung von häßlichen Nebengeräuschen und zur Erzielung einer elastischen Wirkung, die vorzügliche Federung des Wagens, vor allem herbeigeführt durch die Querfeder, die übersichtliche und reichhaltige Ausstattung der Spritzwand nach dem Motorraum und die leichte Zugänglichkeit zur Verstellbarkeit des Bremsgestänges.«*

1924 umfaßte das Lieferprogramm folgende Ausführungen des Hansa-Wagens:

- offener Tourenwagen
- Limousine mit Innenlenkung
- offener Sportwagentyp (Reichsfahrttyp)

Diese Wagen wurden auf der Deutschen Automobilausstellung 1924 in der Messehalle am Kaiserdamm präsentiert: Der offene Hansa-Tourenwagen auf dem Hansa-Stand war taubengrau und mit graumeliertem Leder ausgeschlagen. Er bot sehr bequeme Sitzmöglichkeiten. Jeder Sitz war durch eine besondere Tür erreichbar. Als Neuerung wies er zwei Notsitze auf, die als Klappsessel, in Fahrtrichtung stehend, ausgebildet waren.

Die taubengraue Hansa-Limousine mit ihrer roten Saffianpolsterung präsentierte sich als ein bequemer, eleganter Stadt- und Überlandwagen. Die Karosserie war mit vier Türen, verschließbarer Zwischenscheibe, mit elektrischem Scheibenwischer, vier bequemen Sitzen wie ein fahrender Salon ausgerüstet!

Seite 82: Hansa Typ P Sport: die siegreichen Wagen der Reichsfahrt 1924 auf dem Vareler Werksgelände. Unten: Die drei Hansa-Sport Achtzylinder Werkswagen, die 1929 die Internationale Alpenfahrt gewannen.
Seite 83: Hansa Typ P 8/26 PS, wie er von 1921–1924 gebaut wurde. Er besaß einen 2090 ccm Vierzylinder-Motor, der 30 PS leistete und den Wagen je nach Aufbau auf 75 bis 80 km/h beschleunigte.
Rechts: Hansa Typ P Sport bei einer Zuverlässigkeitsfahrt des ADAC Bremen.

Die A.D.A.C.-Reichsfahrt zählte in den zwanziger Jahren zu den Höhepunkten der deutschen Automobilwettbewerbe. 1924 errang das Fabrikteam der Hansa-Werke bei dieser 1800 km langen einen einzigartigen Erfolg: Hansa wurde Reichsfahrtsieger. Bei ihrer Rückkehr in die Heimatstadt Varel erlebten die Fahrer einen jubelnden Empfang.

Seite 85: Drei Karosserievarianten des Hansa Typ P 8/36 PS mit Vierzylinder-Motor, der 36 PS aus 2090 ccm holte und bis auf 100 km/h beschleunigte.

Hansa-Sportwagen

Das silbergraue offene Sportfahrzeug mit seiner erdbeerroten Lederpolsterung war von der strapaziösen Reichsfahrt her bekannt. Der Hansa Sport besaß ein Fahrgestell, das entsprechend dem Zweck kürzer gehalten war als die normale Ausführung als Stadt- und Reisewagen. Die Federn lagen horizontal und die Querfeder war, der Gewichtsersparnis wegen, weggelassen.

Karosserie, Haube und Kotflügel waren aus Aluminium hergestellt. Die vorderen Sitze waren laut Werksangabe *»sehr bequem und auch die rückwärtigen Sitze sind gut verwendbar. Die Polsterung ist sorgfältig und exakt ausgeführt und besteht aus bestem Leder«*. Hinter den Rücksitzen, im Heck des Wagens waren zwei Reserveräder untergebracht, außerdem das Werkzeug und ein Kraftstoffreservebehälter mit 20 Liter Inhalt. Der Wagen hatte eine niedrige Windschutzscheibe und ein kleines, aber die Vordersitze vollkommen überspannendes Verdeck, welches nach Belieben mitgeführt oder abgenommen werden konnte. Die rückwärtigen Sitze waren in unbenutztem Zustand durch eine Plane abgedeckt. Der Kühler konnte mit einer schnittig wirkenden, sogenannten »Windschnauze« aus Aluminium versehen werden. Der Wagen besaß elektrischen Anlasser und komplette elektrische Beleuchtung, außerdem Tacho, Uhr und Umdrehungszähler für die Maschine. Er entwickelte in der Ebene bis zu 120–130 Stundenkilometer. Der dritte Gang ließ eine Geschwindigkeit von etwa 80 km/h zu.

Aufgrund der Einwagenpolitik des Hansa-Werks gelang es, die Automobilfertigung stark zu rationalisieren und den Wagen billiger herzustellen. Kostete der Hansa 8/38 PS 1924 noch 13400 RM, so gab es ihn 1925 schon für 12600 RM und 1926 gar für 10000 RM. Die Fertigung lief 1928 aus, nachdem Hansa den Typ A 8 (A6) ins Programm genommen hatte.

Reichsfahrtsieger 1924

Am Sonnabend, den 13. September 1924, erreichte die A.D.A.C.-Reichsfahrt in Hannover ihr Ende. Es handelte sich um die vierte Reichsfahrt, die schwierigste und längste aller bisherigen. Es war eine Prüfung sowohl der Automobile als auch der Fahrer, wie sie seinerzeit kaum härter sein konnte. Die durchschnittlichen Tagesleistungen, die jedes Fahrzeug hinter sich bringen mußte, waren in Anbetracht der schlechten Straßenverhältnisse das Maximum, das man bei einer solchen Prüfung voraussetzen konnte. Dennoch erreichte ein großer Prozentsatz der Fahrzeuge das Ziel. Von den in Eisenach gestarteten 47 Wagen hatten 34, also 72 Prozent, die Fahrt beendet.

Der Start in Eisenach erfolgte bei völliger Dunkelheit, so daß ein großes Stück noch mit Scheinwerfern gefahren werden mußte. Gleich hinter Eisenach, in Marienthal, fand eine Bergprüfung auf die Hohe Sonne statt. Hier fuhr der Mercedes-Kompressor Caracciolas die beste Zeit aller Wagen. Gleich vom Ziel weg ging es durch das Thüringer Land über Saalfeld und Gera, Altenburg, Grimma, Lübben nach Frankfurt an der Oder. An dem darauffolgenden Tag ging es über Landsberg, Deutsch-

Krone, Kolberg nach Stettin. 42 Wagen verließen um fünf Uhr früh Frankfurt/Oder. Gleich nach dem Start war bei Kriescht eine Geschwindigkeitsprüfung über 6 km. Eine Reihe von Teilnehmern schied auf dieser zweiten Tagesetappe aus.

Der dritte Tag brachte die längste Tagesetappe mit 516 km (insgesamt waren auf der Reichsfahrt 1 800 km zu bewältigen). Diese Etappe zeichnete sich nicht nur durch ihre Länge, sondern auch durch ihre unglaublich schlechten Straßenzustände aus. Die verlangte Mindestgeschwindigkeit wurde daher auch von den meisten Fahrern nicht erreicht. Zahlreich waren die Reifenpannen. Viele Fahrer, die dennoch das vorgeschriebene Tempo zu halten versuchten, wurden durch tückische Löcher in der Straßendecke, die Rahmen- und Federbrüche verursachten, gezwungen, die Fahrt aufzugeben. Einen eigenartigen Rekord stellte auf dieser Etappe Otto Wette, Bielefeld, mit seinem Dürrkopp-Wagen auf. Wette mußte nicht weniger als neunmal Reifen wechseln, was ihn laut Fahrtbuch 1 Stunde 54 Minuten kostete. Trotzdem gelang es ihm, die Durchschnittsgeschwindigkeit zu halten und noch 8 Minuten vor seiner vorgeschriebenen Zeit in Hamburg einzutreffen. Vor Neubrandenburg bei Hinrichshagen fand ein Flachrennen statt, bei dem Fahrenkopf auf Stoewer und Feuerstein auf Dixi die besten Zeiten fuhren.

In Lübeck waren 34 Wagen eingetroffen. Am Ziel Hamburg kam als erster Schmidt, Charlottenburg auf Mercedes an; dann folgten das Dürrkopp-Team mit Peter Breyer (Hannover), Reinhold Dürrkopp (Herford) und Willi Bickmeier (Paderborn) am Steuer; weiter die NAG -Fahrer Otto Bonnarth (Stettin) und Heinrich Schyren (Lindern); darauf die Hansa-Fahrer Ludwig Bertram (Varel), Fritz Unruh (Oldenburg), Merbach (Gotha) und Kappel (Dresden).

Der vierte Tag brachte das Bergrennen von Pyrmont, wo Caracciola mit seinem Mercedes-Kompressor in einer scharfen Kurve herausgetragen und sein Wagen arg mitgenommen wurde. Kurz nach 2 Uhr trafen die Wagen in rascher Aufeinanderfolge in Hannover ein. Am Ziel hatten sich zahlreiche neugierige Passanten eingefunden. Die Reichsfahrer sammelten sich hier und fuhren dann gemeinsam in die Stadt. Die Fahrzeuge der Reichsfahrt wurden nach einer Wertung klassifiziert, die hauptsächlich die Einhaltung der vorgeschriebenen Durchschnittsgeschwindigkeit und die bei den Flachrennen und Bergprüfungen erzielte Geschwindigkeit berücksichtigte. Dabei blieb den Fahrern für Reparaturen wenig Zeit übrig.

Das Hansa-Team bestand aus einem Fabrikteam sowie Privatfahrern. Das Fabrikteam setzte sich zusammen aus Albin Käppel, Leiter der

Hansa-Kombinationswagen Typ P der Karosseriefabrik Buhne in Berlin.

GDA-Niederlassung Dresden; Fahrer Merbach, Mitinhaber der GDA-Vertretung Rebling, und Merbach in Gotha und Fredo Sporkhorst, Sohn des Hansa-Direktors August Sporkhorst. Ihm schlossen sich der GDA-Vertreter in Oldenburg, Fritz Unruh und Wilhelm Janssen, als Privatfahrer am Steuer ihrer eigenen aluminiumblanken Hansa-Sporttyp-Wagen an. Alle fünf Fahrzeuge hielten die ganze Reichsfahrt ohne jede Störung der Maschine und ohne jeden Defekt durch. Sie waren bekannt dafür, daß sie fast immer im Pulk marschierten und die 1800 Kilometer, immer im gleichen Abstand hintereinander fahrend mit großer Präzision hinter sich brachten.

Der Leistung während der Streckenfahrt schlossen sich die Erfolge bei den Rennen an: Im ersten Flachrennen belegte Sporkhorst in 3 Minuten 29⅖ Sekunden den ersten Platz. Als zweiter ging Janssen (Oldenburg) in 3 Minuten 52⅖ Sekunden durchs Ziel. Das zweite Flachrennen sah Sporkhorst mit einer Zeit von 3 Minuten 6⅕ Sekunden (nur 4 Sekunden mehr als Mercedes-Kompressor) von neuem als erster Sieger durchs Ziel gehen. Käppel belegte in diesem Rennen in 3 Minuten 17⅗ Sekunden den vierten Platz. Im Bergrennen bei Eisenach war Sporkhorst durch Kerzendefekt behindert. Merbach ging als Zweiter durchs Ziel. Das Bergrennen bei Pyrmont bildete einen einzigen großen Triumph der Hansa-Wagen, die mit Sporkhorst als erstem, Merbach als zweitem und Käppel als drittem alle Preise des Rennens nach Hause fuhren. Auf dieser Rennstrecke differiert die Zeit von Sporkhorst, der in 40⅘ Sekunden Erster wurde, von der Käppels, der in in 4 Minuten 47⅕ Sekunden den dritten Platz eroberte, so wenig voneinander, daß – wie die GDA-Rundschau selbstbewußt feststellte – *»gerade daraus das uhrwerkartig regelmäßige Arbeiten der Hansa-Maschinen einwandfrei zutage tritt«*.

Wie im Jahre 1914 ein Hansa-Team unter Führung von Käppel den Sieg in der Alpenfahrt davontrug, so wurde auch bei der Reichsfahrt 1924 dem Hansa-Team ein voller Erfolg zuteil. Fredo Sporkhorst errang in seiner Klasse den ersten Preis, unmittelbar nach ihm rangierten Merbach als Dritter, Käppel als Vierter und Janssen als Fünfter in der Achterklasse (8 Steuer-PS). Janssen errang damit zugleich den ersten Privatfahrerpreis der Kategorie. Die hohe Leistung des Hansa-Teams, die darin lag, eine so große Anzahl von Fahrzeugen in bester Verfassung über die Strecke gebracht zu haben, wurde von der Fahrtleitung dadurch besonders anerkannt, daß der Hansa-Mannschaft ein Teampreis für mehr als drei ohne jeden Defekt ans Ziel gelangte Fahrzeuge verliehen wurde.

Die Rückkehr des siegreichen Hansa-Teams über Bremen und durch ihr Stammland Oldenburg nach Varel gestaltete sich zu einem wahren Triumphzug. In Bremen hatten sich vor den Toren der zahlreiche Mitglieder des ADAC mit ihrem Vorsitzenden Lührig an der Spitze eingefunden, um die Reichsfahrtsieger zu empfangen.

Auch Robert Allmers, Vorsitzender des Aufsichtsrates der Hansa-Werke und die Direktoren Reinartz und Rohrbach von den Hansa-Lloyd Werken waren zur Begrüßung anwesend. Gegen 11 Uhr vormittags trafen die kranzgeschmückten, silberblanken Fahrzeuge, an ihrer Spitze der Träger des ersten Preises, Sporkhorst jun. in seinem orangefarbenen Wagen, in Bremen ein. Unmengen von Blumen wurden den Fahrern von ihren Freunden überreicht, so daß die Wagen fast unter der bunten Fülle verschwanden. Walter Dalchow, Direktor der Gemeinschaft Deutscher Automobilfabriken, überreichte den Siegern Blumensträuße und sprach ihnen die Glückwünsche und den Dank der Verkaufsorganisation aus. Von den Automobilen und den Motorrädern der ADAC-Mitglieder eskortiert, unternahmen die Siegerwagen eine Rundfahrt durch die Hansestadt und wurden von der Bevölkerung stürmisch gefeiert. Dann ging es in schneller Fahrt durch Delmenhorst nach Oldenburg. Unterwegs wurden die Fahrer von einer endlosen Wagenreihe eingeholt, mit der die Mitglieder des Oldenburgischen Automobilklubs ihnen entgegengefahren waren.

Ganz Oldenburg prangte in Flaggenschmuck. Die Einfahrtstraßen waren von einer festlich bewegten Menge dicht besetzt. Vor dem Staatsministerium machten die Hansa-Wagen halt und wurden dort im Namen der Oldenburgischen Regierung von Staatsminister Stein begrüßt, der jedem Mitglied der Mannschaft *»einzeln die Freude und die Anerkennung des Heimatlandes in bewegten Worten zum Ausdruck brachte«* (GDA-Rundschau, Nr. 4/1924).

Der Bürgermeister von Oldenburg hieß die Siegermannschaft namens der Stadt in launigen Worten willkommen. Die Stadt Oldenburg besäße zwar noch keinen Hansa-Wagen, er würde aber nach diesem herrlichen Erfolg des angestammten Werkes schleunigst Remedur schaffen. Außerdem wäre die Stadt Oldenburg auf den Ruhm der Stadt Varel, ein so hervorragendes Unternehmen wie die Hansa-Werke in ihren Mauern zu wissen, derart neidisch, daß er bei der Staatsregierung den Antrag stellen wollte, die Stadt Varel in Oldenburg einzugemeinden.

Direktor Hanemann von den Hansa-Werken erwiderte mit Dankesworten und Wünschen für Staat und Stadt Oldenburg. Die Anwesenden erhoben sich darauf von ihren Sitzen und stimmten die Oldenburger Landeshymne: »Heil Dir, o Oldenburg« an.

Von Oldenburg aus gaben zahlreiche Besitzer von Hansa-Wagen aus dem ganzen Land Oldenburg dem Siegerteam das Geleit in die Heimatstadt. Dort war praktisch kein Haus ungeflaggt und ungeschmückt. Weit vor Varel schon spannten sich Blumengirlanden über die Einzugstraße, und grüne »Ehrenpforten« waren zum Willkommen der Sieger errichtet. Vor der Stadt hatte eine Musikkapelle auf einem Lastauto Aufstellung genommen, die die Sieger

Allmers begrüßt im Jahre 1924 die fünf Reichstagssieger in Varel.

RdA-Gutachter Scholz über die Schwächen des »Hansa Typ P«:

»Es ist die Frage zu prüfen, ob es nach den heutigen Anschauungen und Konstruktionstendenzen auch für die Folge noch angebracht ist, einen sechssitzigen Wagen mit einem nur 8-steuerpferdigem Motor auszustatten. Im allgemeinen gehen die Forderungen der Kundschaft dahin, wirkliche Sechssitzer, d. h. also bequeme Wagen, welche mit 2 Notsitzen ausgestattet sind, mit einem Motor größeren Volumens zu besitzen, um damit diejenigen Fahreigenschaften zu gewährleisten, die von der Käuferschicht heute, namentlich im Großstadtverkehr, verlangt werden.
Der 8-steuerpferdige sogenannte 2-Liter-Motor wird neuerdings mehr für 4–5 sitzige Wagen in Anwendung gebracht, umsomehr, als auch die Tendenzen der künftigen Regelung der Kraftfahrzeugsteuer darauf hinausgehen, den Wagen steuerlich weniger nach dem Hub-Volumen des Motors, als nach seinem Gewicht und seinen übrigen Fahreigenschaften zu bewerten. Die gegenwärtige Steuerformel, welche in Deutschland die Züchtung des kleinen Motors mit hohen Leistungen zur Folge hatte, hat nur noch Geltung bis Ende Dezember 1927. Das jetzt noch bestehende Provisorium wird dann einer Neuregelung weichen, auf welche die Konstruktionstendenzen der Werke sich jetzt schon einstellen müssen, wollen sie den überaus überhasteten und durch den ausländischen Wettbewerb stark beeinflußten Ansprüchen rechtzeitig folgen.
In diesem Sinne müßte deshalb von vornherein eine Um- und Neukonstruktion des Wagens vorgesehen werden, die unmittelbar einsetzen müßte, soll das Werk in der Lage sein, im Herbst 1927 bereits für eine Einstellung vorbereitet zu sein. Es wird der planmäßigen Zusammenarbeit von Konstrukteuren, Einkauf, kaufmännischer Leitung und Betrieb bedürfen, um bei einer Wiederingangsetzung des Werkes allen diesen Forderungen gerecht zu werden und nicht nur eine vielleicht nur vorübergehende Rentabilität zu sichern, die womöglich bald wieder überholt sein könnte.«

mit Fanfaren begrüßte, um sich dann an die Spitze des Zuges zu setzen und sie unter Marschklängen durch die Straßen zu geleiten. Die Fabrikfeuerwehr bildete Spalier. Stürmisch war schon die Begrüßung in Oldenburg gewesen, in Varel – so die GDA-Rundschau – *»schwoll der allgemeine Jubel zum Orkan«*. Langsam schob sich der viele hundert Meter lange Festzug durch die ihn umdrängende Menschenmenge und fuhr zum Rathaus, wo Ratsherr Brumund das Siegerteam in Vertretung des Bürgermeisters willkommen hieß, es namens der Stadt beglückwünschte und den Stolz der Stadt über den Hansa-Triumph zum Ausdruck brachte. Auf dem Fabrikhof hatten sich Arbeiter und Angestellte der Werke zur Begrüßung eingefunden. Der Vorsitzende des Angestelltenrates Lasch richtete seine Laudatio an die Fahrer und überschwengliche Dankesworte an die Werksleitung, vor allen Dingen an August Sporkhorst (*»unter dessen zielbewußter Leitung die Arbeiterschaft gern und willig die tüchtige Arbeit geleistet hat und weiter leisten will, die sich in so wundervollen Erfolgen auswirkt«*).

Sodann richtete der Vorsitzende des Aufsichtsrats, Robert Allmers, hoch auf einem Autodach stehend, eine Ansprache an die Festgemeinde. Er führte mit chauvinistischem Unterton lt. GDA-Rundschau aus, daß, *»wenn vor zehn Jahren die Sirenen der Hansa-Werke durch die Stadt geheult, sie den Bewohnern einen Sieg unserer braven Truppen draußen im Felde gemeldet haben. Heute haben die Hansa-Sirenen ihren lauten Jubelschrei ertönen lassen. Diesmal aber ist kein Sieg auf dem Schlachtfelde, sondern ein großer Sieg in einem friedlichen Wettbewerb der Automobilindustrie verkündet worden.«*

Zuguterletzt bat Allmers den Magistrat Varels, auch ferner das »Freundschaftsverhältnis« zu den Hansa-Werken zu bewahren und zu festigen. Er betonte, wie wichtig es gewesen war, daß die Stadt erst kürzlich dem Hansa-Werk finanziell in schwerer Krisenzeit geholfen hätte. Mit Ehrfurcht in der Stimme gedachte Allmers sodann noch dem *»warmherzigen Förderer der Hansa-Interessen«*, dem ehemaligen Landesherrn Großherzog Friedrich August von Oldenburg. Die Rede klang in ein stürmisch aufgenommenes Hoch auf das Land Oldenburg aus. *»Alle Häupter entblößten sich und spontan wurde von neuem die Landeshymne angestimmt«*.

Am Abend kamen die Siegermannschaft und alle anderen Gäste zu einem Festmahl im Kurhaus Dreibergen am Zwischenahner Meer zusammen, wohin der Besitzer von Dreibergen und Großaktionär der Hansa-Werke, Bittroff, die Festteilnehmer schon in Oldenburg eingeladen hatte.

Hansa A 6 und A 8

Ziemlich überraschend kamen die Hansa-Automobilwerke A. G., Varel i. O. Anfang 1928 mit zwei ganz neuen Modellen der Luxusklasse heraus, und zwar mit einem 13/60 PS Sechszylinder und einem Achtzylinder von 16/70 PS. Die Berliner Niederlassung der Hansa bat zu einer Besichtigung und weihte bei dieser Gelegenheit gleichzeitig ihre neuen Ausstellungsräume Unter den Linden 16 ein. Die neuen Typen aus Varel präsentierten sich als elegante Luxuswagen mit sehr schöner Linienführung, für die bei den meisten Aufbauten Karmann in Osnabrück verantwortlich zeichnete.

Auf den damals weit verbreiteten Automobil-Schönheitswettbewerben waren die Karmann-Blechkleider immer wieder erfolgreich, so daß die Hansa-Werke nicht zögerten, sich ihre neuen Vehikel in Osnabrück konfektionieren zu lassen.

Im Verhältnis zur Ausstattung sowie zur Güte und Verarbeitung des Materials war der Preis des neuen Hansa-Wagens recht günstig. So wurde z. B. für ein fünfsitziges Achtzylinderkabriolett ein Preis von 16600 Mark verlangt; die siebensitzige Limousine gab es schon ab 14800 Reichsmark. Die Preise für den 13/60 PS Sechszylinder lagen bei 11800 RM für die Limousine und bei 13600 RM für das Kabrio.

Die Preise waren in erster Linie dadurch ermöglicht worden, daß die Hansa-Automobilwerke ihre neuen Typen serienmäßig mit amerikanischen, und zwar mit Continental-Motoren ausrüsteten. Hiermit wurde ein für deutsche Verhältnisse relativ neuer Weg beschritten, denn bisher sah es jede deutsche, ja europäische Autofabrik als selbstverständlich an, vor allem ihre Motoren selbst zu bauen. Diese Einstellung hatte andererseits zur Folge, daß größere Werke, die speziell Einbaumotoren für Personenwagen herstellten, in Deutschland nicht entstehen konnten.

Wenn sich also 1928 eine deutsche Automobilfabrik zum Bezug fremder Motoren entschloß, so blieb ihr, wenn sie durch größere Serienlieferungen zugleich preiswerte Motoren zu beziehen hoffte, damals tatsächlich nichts anderes übrig, als sich diese über den Nordatlantik kommen zu lassen. Die Selbstentwicklung ganz neuer Motortypen, die bei den hohen Ansprüchen an Serienreife außerordentlich viel Zeit und sehr viel Geld kostete, kam für ein kleines Werk, das natürlich größten Wert darauf legen mußte, so schnell wie möglich zu konkurrenzfähigen und zugleich einen Gewinn abwerfenden Preisen ins Geschäft zu kommen, kaum in Frage, da der Vorsprung der Konkurrenz zu groß war. Der von den Hansa-Automobilwerken eingeschlagene Weg erschien deshalb den Vareler Autobauern sowohl vom

Im Frühjahr 1928 stellten die Hansa-Werke ihre »schärfste Waffe« gegen die Invasion amerikanischer Luxuswagen vor: die Hansa-Acht- und Sechszylinderwagen A 8 und A 6. Verschämt verschwieg man allerdings in der Werbung dieser »Wagen für deutsche Verhältnisse«, daß die neuen Hansa-Wagen mit Motoren amerikanischer Provenienz ausgerüstet waren.

technischen wie auch wirtschaftlichen Standpunkt aus als richtig.

Die Continental-Motoren besaßen Weltruf. Sie wurden täglich in 4000 bis 5000 Exemplaren hergestellt und gelangten u. a. bei den Firmen Davis, Diana, Durant, Erskin, Jordan, Locomobile, Moon, Peerles, Reo und Star zum Einbau.

Der amerikanische Motor

Während die Durchbildung eines guten Sechszylindermotors mit angemessenen Eigenschaften dem erfahrenen Konstrukteur Ende der zwanziger Jahre keine allzu großen Schwierigkeiten mehr bereitete, konnte man dieses keineswegs von allen Achtzylindermaschinen behaupten. Besonders der Reihenmotor, der gegenüber dem V-förmigen Motor den Vorzug größerer Eleganz und besserer Zugänglichkeit besaß, enthielt in bezug auf einwandfreie Konstruktion nicht unerhebliche Schwierigkeiten. Baulänge, Massenausgleich, erschütterungsfreie Lagerung, gleichmäßige Ölverteilung und gleichmäßige Vergaserfunktion waren die hauptsächlichen Probleme.

Der Continental-Motor im Hansa A 8 erfüllte diese Forderungen und war ausgereift. Die Kröpfung der Kurbelwelle war so gewählt, daß die beiden vorderen mit den beiden hinteren sowie die vier mittleren Zylinder je einen normalen Vierzylinder-Motor bildeten. Durch diese Anordnung in Verbindung mit der richtigen Zündfolge und einer richtig ausgebildeten Kurbelwelle war ein vollkommener Massenausgleich erreicht. Hinzu trat die Verwendung eines Zweikammervergasers, der den Gasstrom auf die beiden genannten Zylindergruppen durch getrennte Rohrleitungen gelangen ließ, eine Einrichtung, die damals erst wenige Achtzylindermaschinen besaßen. Die Baulänge der Maschine hielt sich in »bescheidenen« Grenzen.

Neben dem starken Achtzylinder wurde gleichzeitig ein mittelstarker Sechszylinder, Typ A 6, herausgebracht. Die guten Fahreigenschaften dieses Motors unterschieden sich nur unwesentlich von denen des obengenannten Achtzylindermotors. Allerdings war die Beschleunigung wegen des kleineren Zylinderinhaltes, die der Hansa-Wagen mit diesem Motor erhielt, etwas gedrosselt.

Karmann-Karosserien

In enger Zusammenarbeit mit der Karosseriefabrik Karmann in Osnabrück entstanden für den Hansa-Achtzylinderwagen das Gros der Aufbauten, die ausgesprochen hohen Ansprüchen hinsichtlich Bequemlichkeit und Geschmack entsprachen, ohne allerdings die häufig in der Blechschneiderbranche zu findenden Modetorheiten konkurrierender Luxuswagen nachzu»äffen« (Originalton Hansa: *»Besitzer der ›Hansa‹-Wagen gehörten von jeher zur Elite der Automobilisten.«)* Weitere Karosserien stellten die Firmen Buhne (Berlin) und Wendler (Reutlingen) her.

Oben: Die Hansa-Alpensieger von 1929.
Unten: Hansa-Cabrio-Limousine der Karosseriefabrik Buhne mit Achtzylinder-Continentalmotor.

Unten: Hansa A 8 als Zweisitzer-Cabriolet
Rechte Seite, oben:
Hansa A 6 mit Sechszylinder-Continentalmotor. Die Aufnahme wurde 1938 im oldenburgischen Hude gemacht, als der Wagen schon 10 Jahre im Einsatz war.
Mitte: Hansa A 8 Cabrio-Limousine in Karmann Karosserie
Unten: A 8 als Limousine

Phaeton und viersitziges Kabriolett galten als Wagen der Dame und des sportlichen Herrenfahrers, die Pullmann-Limousine und das sechssitzige Kabriolett waren für die Familie, für Zwecke der Repräsentation und für die Reise geschaffen.

Karosserie offener Wagen:
Sechssitzig, Lederpolsterung, verstellbare Windschutzscheibe, Verdeck aus schwarzem Gummistoff, dazu Seitenteile mit großen Cellonfenstern, mit den Türen aufgehend und demontierbar.

Limousinenkarosserie:
Siebensitzig, mit Zwischenscheibe.

Kabriolett:
Ausführung zweitürig mit zwei Scheiben oder zweitürig mit vier Scheiben oder viertürig mit vier Scheiben und viertürig mit sechs Scheiben und sechssitzig.

Qualitätsarbeit

Jeder Continental-Motor wurde nach Ankunft bei den Hansa-Automobilwerken einer genauen Durchsicht unterzogen und sorgfältig abgebremst. Erst nach vollständigem Einlaufen gelangte er in das Fahrgestell, welches ein Eigenfabrikat der Hansa-Werke war. Der Motorprobelauf in Varel hatte den großen Vorteil, daß dem Kunden das Selbsteinfahren, also die meist als recht lästig empfundene Schonzeit während der ersten 1000 km erspart blieb bzw. doch ganz wesentlich abgekürzt werden konnte.

Die Motorpresse äußerte sich lobend über den neuen Typen A 6 und A 8. So hieß es im »Motor« vom April 1928: *»Ich hatte zunächst Gelegenheit, den Achtzylinder als fünfsitziges, sehr geräumiges Kabriolett zu fahren. Da stets der Motor für die Hauptfahreigenschaften allein ausschlaggebend ist und es sich erübrigt, über Lauf und Leistung des Continental-Motors viel Worte zu verlieren, so sind auch die Fahreigenschaften des Hansa-Achtzylinders – soweit diese vom Motor abhängen – absolut fehlerlos. Der Wagen läuft selbst im 80 und 90 km-Tempo so ruhig, als ob ein Motor überhaupt nicht vorhanden wäre. Und was die vom letzteren unabhängigen Fahreigenschaften anbetriffft, so merkt man sofort, daß dieser Wagen von einem Werk gebaut wurde, das über ganz bedeutende Erfahrungen verfügen muß. Dies gilt insbesondere für die Lenkung, die in bezug auf leichten, feinfühligen und völlig stoßfreien Gang wohl die beste ist, die ich bisher kennengelernt habe. Kupplung, Schaltung und Bremsen verraten gleichfalls einen Konstrukteur, der nicht eher zufrieden war, als bis sein Wagen auch in diesen Details letzten Ansprüchen gerecht wurde. Die Hansa-Wagen waren von jeher außergewöhnlich solide, dauerhaft und leistungsfähig.«*

Obwohl die Hansa-Wagen vom Typ A 8 und A 6 zu den Spitzenleistungen des deutschen Automobilbaus Ende der zwanziger Jahre zählen, brachten sie ihrem Herstellerwerk nicht den erhofften Umsatz. Längst hatten sich die amerikanischen Hersteller mit ihren Nobelwagen im deutschen Kfz-Geschäft etabliert, zum Teil unterhielten sie sogar eigene Montagebänder – etwa General Motors in Berlin-Borsigwalde. Die ausländische Konkurrenz produzierte oft rationeller und vermochte dadurch ihre Vehikel billiger anzubieten. Traditionsreiche deutsche Anbieter auf dem Achtzylinder-Automarkt wie Stoewer, NAG-Protos oder Brennabor hatten schnell das Nachsehen und waren den Amerikanern zwar qualitativ, aber nicht im »Business« gewachsen.

Größter Hemmschuh für gute Absatzzahlen des neuen Hansa-Wagens war natürlich die Weltwirtschaftskrise, die 1928 schon ihre Schat-

ten voraus warf. In einer Zeit der Firmenzusammenbrüche und der Massenarbeitslosigkeit hatten allenfalls Kleinwagen die Chance, Abnehmer zu finden. 1931 stellten die Hansa-Werke die Fertigung ihres Sechs- und Achtzylindermodells, deren Premiere erst so hoffnungsvoll begann, wieder ein.

Alpenfahrt

Auch 1929 beteiligten sich die Hansa-Automobilwerke A. G. mit ihren drei Achtzylinder-Spezialroadstern an der Internationalen Alpenfahrt. Dieser Typ hatte sich schon bei der vorherigen Alpenfahrt 1928 durch seine Zuverlässigkeit und Leistung ausgezeichnet und wurde für seinen erneuten Einsatz in diversen Punkten verbessert und vervollkommnet. Unter anderem wurden die drei Wagen mit einem Schnellganggetriebe (Patent Maybach) ausgerüstet.

Als Fahrer gingen die Brüder Fredo und Werner Sporkhorst sowie Oberingenieur Hörbe an den Start. Außerdem nahm W. Jähnig als Einzelfahrer teil. Alle vier Wagen absolvierten die 2716 km lange und ausgesprochen schwere Prüfungsfahrt durch die österreichischen und italienischen Alpen mit Bravour und wurden Klassensieger!

Von 12 gestarteten Teams waren überhaupt nur 2 (Hansa und BMW) erfolgreich angekommen, von 80 gestarteten Wagen nur 52; also waren 30 Prozent überhaupt ausgefallen!

In einer Pressemitteilung stellten die Hansa-Automobilwerke fest:

»An dem ›beispiellosen Hansa-Sieg‹ ist ja nicht zu drehen und zu deuteln, doch wie groß er eigentlich ist, ergibt sich erst deutlich, wenn man die Ergebnisse der wichtigsten teilnehmenden Marken in Bezug auf gestartete und unter Erfüllung der Bedingungen nach fünf Tagesetappen am Ziel angekommenen Wagen einander gegenüberstellt.

Dabei besteht noch ein gewaltiger Unterschied, ob eine Fabrik ihren einzigen gestarteten Wagen durchbringt oder wie Hansa alle vier geschlossen. Von Rechts wegen müßten in einer diesbezüglichen Tabelle bei Hansa nicht 100%, sondern 300% oder 400% eingesetzt werden, aber es genügt, den Beweis zu führen, daß von allen teilnehmenden Marken allein das Hansa-Fabrikat hundertprozentig gesiegt hat.«

Unter der Motorhaube der zweisitzigen »Alpenwagen« befanden sich beim Serientyp A 8 die 1,4-Liter-Achtzylindermotoren von Continental. Trotz des sportlichen Hansa-Erfolges wirkte dieser kaum absatzfördernd.

IS 17865

Als letzter Stolz der Hanseaten
ziehst Du von uns
Wir stehn an deinem Grab und alles
— war umsonst —
„Andere nützen unsere Kunst!"

Trennungskrisen

Sieben Jahre nachdem sich die Wege des Vareler und des Bremer Automobilbaus gekreuzt hatten und die Hansa-Werke mit der Namag zu den Hansa-Lloyd Werken zusammengeschmolzen waren, trennten sich beide Fabriken wieder. Im Einvernehmen schlossen beide Firmen am 7. Mai 1921 neue Gesellschaftsverträge. Es entstand die Hansa-Automobil- und Fahrzeugwerke A. G., Varel i. O. Das Grundkapital betrug 15 Millionen RM, übernommen von Bankdirektor Heinrich Ludwig Gottwald Kriete, Bankdirektor Adolf Brauchmüller, Prokurist Johannes Heinrich Talla, Prokurist Albert Ludwig Friedrich Holzkamp und Bankier Johann Georg Martens. Im Aufsichtsrat saß u. a. Großherzog Friedrich August von Oldenburg, den Vorstand hatte Dr. Ing. e. H. August Sporkhorst inne, der aus diesem Grund aus dem Vorstand von Hansa-Lloyd ausschied. Den Vorsitz im Aufsichtsrat der neuen Hansa-Aktiengesellschaft übernahm Robert Allmers.

Sitz des Unternehmens war zunächst Bremen, später Varel, wo die neue Aktiengesellschaft der Hansa-Lloyd das Werk Varel erworben hatte. Produziert wurde nur ein Modell – der Typ P, dessen Konstruktion schon aus wilhelminischer Zeit stammte und auf August Sporkhorst zurückging.

Warum die Trennung in zwei Werke erfolgte, läßt sich heute nicht mehr mit letztlicher Sicherheit klären. Wahrscheinlich gingen Allmers wie Sporkhost die Überfremdung der Hansa-Lloyd Werke durch die ständigen Kapitalerhöhungen gegen den Strich; wenigstens bei ihrem Vareler »Lebenswerk« wollten sie ihren Einfluß wahren und gliederten es aus dem Bremer Mammutunternehmen aus.

Zu dem neuen Hansa-Werk gehörte nicht mehr das Bielefelder Zweigwerk, welches sich 1921 zur Hansa-Präzisionswerke A. G. verselbständigte und später von dem Fabrikanten Eduard Benteler in seine Bentelerwerke AG eingebracht wurde. Während des Ersten Weltkriegs waren in der Leinestadt vor allem Rüstungsgüter, u. a. Panzerteile hergestellt worden.

Die neugegründeten Hansa-Werke kämpften von Anfang an ums Überleben. Sie gerieten alsbald in den Strudel der politischen Unruhen und der galoppierenden Inflation jener Zeit.

Immer wieder kam es zu Arbeitsunterbrechungen; zeitweise konnten die Hansa-Werke nicht einmal die Löhne auszahlen (siehe den Aufruf vom 27. Sept. 1922)!

Am 11. Juni 1924 stellte das Werk sogar den Antrag auf eine gänzliche Stillegung. In dem entsprechenden Schreiben an das Ministerium für soziale Fürsorge in Oldenburg hieß es:

»In Anbetracht des fast vollständigen Ausbleibens jeglicher Geldeingänge, zufolgedessen wir uns u. a. außerstande sehen, die Löhnung bzw. Gehaltszahlung unserer Belegschaft vorzunehmen, gar nicht zu reden von der Unmöglichkeit, auch nur die notwendigsten sonstigen laufenden Ausgaben zu decken, sehen wir uns genötigt, unseren Betrieb gänzlich stillzulegen. (...) Da wir infolge fast gänzlichen Fehlens von Barmitteln nicht in der Lage sind, sämtliche Arbeitnehmer während der Dauer der vorgeschriebenen Sperrfrist von vier Wochen weiter zu beschäftigen, stellen wir gleichzeitig den Antrag, das Ministerium wolle die in § 1 Absatz 2 der Stillegungsverordnung bezeichnete Frist von 4 Wochen für die zur Entlassung gelangende Belegschaft auf 2 Wochen abkürzen.«

Zum Zeitpunkt des Antrags auf Stillegung betrug die Arbeitnehmerzahl in Varel 1200 Arbeiter und 270 Angestellte.

Mit Rücksicht auf die wirtschaftliche Bedeutung der Automobilwerke beschloß der Stadtrat am 17. Juni 1924, eine Bürgschaft für ein Darlehen an die Hansa in Höhe von 50 000 RM gegen Verpfändung von 10 kompletten Wagen zu übernehmen. Dadurch konnte zumindest eine teilweise Fortsetzung der Lohnzahlungen gesichert und statt der kompletten Stillegung eine zweiwöchige Betriebsruhe vereinbart werden, während der allerdings die Arbeiter und Angestellten keinerlei Anspruch auf Lohn- und Gehaltszahlungen hatten! Diese Atempause lief am 6. Juli 1924 ab und am 26. August zählte man in Varel nur noch 900 Arbeiter einschließlich jener 30 Angestellten, die »freiwillig-gezwungen« aus dem Angestellten- in das Arbeiterverhältnis überführt worden waren. Das waren also 410 Werksangehörige weniger als zwei

1921 trennte sich die Hansa wieder von Hansa-Lloyd. Man ging fortan in Bremen getrennte Wege in der Produktion, vertrieb aber die Marken gemeinsam über die Verkaufsstellen der GDA. 1926, nach Monaten der Kurzarbeit, gerieten die Hansa-Werke in große wirtschaftliche Schwierigkeiten und kamen unter Geschäftsaufsicht. Die Möglichkeiten der Neufinanzierung wurden erörtert und der gesamte Betrieb durchleuchtet, um die Chancen für eine etwaige Produktionsfortsetzung auszumachen.
Bei der Übernahme der Hansa-Lloyd Werke 1929 durch den Zubehör- und Dreiradfabrikanten Carl F. W. Borgward mußte dieser auch die Hansa-Aktien mitübernehmen. Der Betrieb wurde 1930 geschlossen.

1921
Hansa-Lloyd und Hansa trennen sich. Beide Firmen schließen neue Gesellschafterverträge. Die Hansa-Werke (Varel) werden mit 15 Mill. DM Kapital ausgestattet. Der – abgesetzte – Großherzog von Oldenburg gehört dem Aufsichtsrat an. Vorstand wird August Sporkhorst.
Hansa-Lloyd bringt 2 t-Schnell-LKW heraus. Die Höchstgeschwindigkeit beträgt 40–50 km/h; der Klein-LKW ist auch als geschlossener Omnibus für 14 bis 16 Personen lieferbar.

So schrieb die Deutsche Perrot-Bremse G.m.b.H., Mannheim nach Varel:

»Bei dem am 27. vor. Mts. stattgefundenen Besuch bei den »Hansa« Automobilwerken A.G., Varel i/O., haben wir von dem Geschäftsaufsichtsführenden, Herrn Dr. Luyken, gehört, daß die Banken, zu deren Gunsten Sicherheitsübereignungen vonseiten der »Hansa« Automobilwerke erfolgt sind, darüber verständigt wurden, daß an den Wagen Gegenstände angebracht sind, an denen sich die Lieferanten das Eigentum bis zur vollständigen Bezahlung vorbehalten haben.
Unsere Gesellschaft ist Lieferantin sämtlicher Vorderachsen mit Bremsen und hat sich gleichfalls das Eigentum vorbehalten, mit der Verpflichtung der »Hansa« Automobilwerke, diese Aggregate an Dritte nicht zu übereignen, vor vollständiger Zahlung des Kaufpreises; der Kaufpreis ist – wie wir hiermit versichern – noch nicht bezahlt; es steht uns vielmehr ein Anspruch auf Zahlung in Höhe von RM 73000,– gegen die »Hansa« Automobilwerke zu. Wir haben festgestellt, daß 45 Stück der Bremsaggregate sich noch in der Fabrik, ca. 100 Stück bei den Deutschen Industrie-Werken, Spandau und eine weitere Zahl von fertigen, unverkauften Wagen bei Händlern befinden. Ein gutgläubiger Erwerb hat also vonseiten Dritter nicht stattgefunden.
Wir teilen Ihnen dieses auch von uns aus mit und bitten Sie, den auf die Vorderachsen mit Bremsen entfallenden Teil des Wertes – pro Achse netto ohne Verschlag RM 358,70 – uns jeweils bei Verwertung der Wagen gutzuschreiben.

Monate zuvor. Die Hansa entließ vor allem auswärtige Arbeitnehmer, weniger zum Stadtbezirk Varel zählende Arbeiter.

Paradoxerweise war 1924 die Auftragslage gar nicht schlecht für die Hansa; primär geriet das Werk wegen der schlechten Zahlungsmoral seiner Kunden in Bedrängnis. Viele hofften, angesichts der rasanten Inflationsentwicklung noch billiger an ihr Fahrzeug zu kommen. Am 26. Januar 1926 gab das Hansa-Werk eine Presseerklärung heraus, in der die Bedeutung des Werks für die Stadt Varel beschworen und die Beschäftigungs- und Auftragslage beschrieben wurde. In dem Artikel behauptete die Hansa-Geschäftsleitung auch, die Fabrik sei die bestbeschäftigte deutsche Autofabrik. Aus dieser Selbsteinschätzung heraus forderten die Hansa-Werke erneut Geld von der Stadt Varel. Sie baten um die Prolongierung eines fälligen Wechsels und boten als Sicherheit fertiggestellte Hansa-Wagen an.

Zur Begründung der Anträge wies das Werk darauf hin, daß die gesamte deutsche Automobilindustrie in einer katastrophalen Krise stände:

»Der Absatz an normalen Wagen ist auch zu Preisen, die weit unter den Selbstkosten liegen, nicht möglich. Die vollkommene Absatzstokkung hat zur Folge, daß ein Automobilwerk nach dem anderen unter Geschäftsaufsicht kommt oder liquidiert.«

Auch dem Hansa-Werk blieb dieses Schicksal nicht erspart. Am 21. April 1926, nachmittags 2 Uhr 05, ordnete das Amtsgericht Varel Geschäftsaufsicht an. Der Steuersyndikus Dr. jur. Rudolf Luyken aus Duisburg wurde als Aufsichtsperson bestellt und schlug Quartier in Oldenburg auf. Als Geschäftsaufsichtsführender ging es Luyken vor allem um die Abwendung des Konkurses. Schon mit Schreiben vom 22. April 1926 meldete er sich bei den Gläubigern zu Wort:

»Als Geschäftsaufsichtsführender der »Hansa« Automobilwerke Aktiengesellschaft, Varel i. Oldbg. erlaube ich mir, Ihnen folgendes mitzuteilen:

Die Gründe für die Schwierigkeiten, in welche die »Hansa« gekommen ist, scheinen mir darin zu liegen, daß es der Firma trotz starken und in jeder Beziehung befriedigenden Umsatzes bei den in der heutigen Wirtschaftslage begründeten ungünstigen Zahlungs- und Kreditverhältnissen an genügend liquidem Betriebskapital fehlte. Eine holländische Finanzgruppe, durch deren Mitwirkung ein erheblicher Kapitalzufluß zu erwarten war, und welche dieses Kapital noch kurz vor dem Antrag auf Geschäftsaufsicht in Aussicht gestellt hatte, hat sich wider alle Voraussicht zurückgezogen.

Um aus der durch die Illiquidität hervorgerufenen Lage herauszukommen und eine Klärung zu schaffen, hat die Verwaltung die Geschäftsaufsicht beantragt.

Es läßt sich natürlich bei der Kürze der Zeit noch nicht überblicken, wie sich die Bewertung der einzelnen Vermögensstücke im Verlauf der Geschäftsaufsicht nach der günstigen oder ungünstigen Seite hin gestalten wird, und welche von diesen Vermögenswerten zur Abdeckung der Forderungen verwendbar sind. Ein abschließendes Urteil über die Bewertung muß ich mir also vorbehalten. Auf einer in Kürze von mir einzuberufenden Gläubigerversammlung hoffe ich nähere Angaben darüber machen zu können.«

Die erste Gläubigerbeiratssitzung fand am 5. Mai 1926 statt. Anwesend war u. a. der Karosseriebauer Wilhelm Karmann aus Osnabrück.

Ein komplettes Bild konnte nicht gegeben werden, da eine Reihe von Geschäftsvorgängen noch zu klären war – u. a. das Abzahlungsgeschäft von 300 Droschken an Berliner Taxibesitzer.

Luyken berichtete weiterhin über seine Maßnahmen im Interesse der Gläubiger, wobei insbesondere die Kündigung sämtlicher Angestellter für gut befunden und genehmigt wurde.

Der Betrieb wurde mit rund einem Viertel der bisherigen Belegschaft fortgeführt, um die in Arbeit befindlichen Wagen fertigzustellen.

»Die plötzliche Betriebseinschränkung traf fast alle Arbeitnehmer unvorbereitet,« protestierten in einer Resolution die Belegschaftsmitglieder bei dem Geschäftsaufsichtsführenden, und wiesen darauf hin, daß sie schon vom Oktober 1925 ab kurzarbeiten mußten. *»Die Notlage ist groß. Die meisten Arbeitnehmer sind nicht in der Lage, Umschau nach einer anderen Arbeitsstelle zu halten, weil die Mittel hierzu fehlen.«* (Resolution der Betriebsversammlung vom 26. Mai 1926).

Um die Misere in der Vareler Automobilproduktion zu beseitigen, gab Luyken ein Gutachten und einen Prüfungsbericht in Auftrag, in dem die Zukunftsmöglichkeiten des Werkes beleuchtet wurden. In dem 22 Seiten langen Dokument, verfasst von dem Geschäftsführer des Reichsverbandes der Deutschen Automobilindustrie, Dr. Scholz, und am 19. August 1926 abgeschlossen, wurden unnachsichtig die Mängel im kaufmännischen und technischen Bereich der Hansa-Automobilwerke A. G. wiedergegeben.

Auf Kritik stießen u. a. die baulichen Einrichtungen des Hansa-Werkes, über die es hieß: *»(Sie) lassen den allmählichen Aufbau auf einem von vornherein nicht für eine Automobilfabrikation vorgesehenen Gelände nebst bereits vorhandenen Gebäulichkeiten erkennen.«* Infolgedessen vermißten die Gutachter auch einen absolut systematischen Werksaufbau, der

HANSA

Telegramme: Hansaauto Vareloldenburg
Telephon-Anschlüsse Nr. 15, 35, 39, 40
Code: A B C Code, 5. Ausgabe.

Oldenburg. Spar- u. Leihbank, Filiale Varel
Darmstädter- u. Nationalbank, Bremen.
Postscheck-Konto: Amt Hamburg 57204

„HANSA" AUTOMOBILWERKE AKTIENGESELLSCHAFT

VAREL i. O.

VAREL i. O., den 6.Oktober 1926.

ABTEILUNG:
KD.Be/B.
(IN DER ANTWORT ANGEBEN)

An den

S t a d t m a g i s t r a t ,

V a r e l .

Unter Bezugnahme auf die gestern mit Ihnen gehabte Unterredung be = stätigen wir der Ordnung halber folgendes:
Sie stellen uns für fünf Fahrzeuge das Geld für die Vorderradbremse zur Verfügung; das Bankkonto der Firma "Fulmina Perrot" wurde Ihnen bereits heute morgen telephonisch aufgegeben und wir baten Sie an diese Firma den Betrag von M.1.812.-- möglichst umgehend zu über = weisen, da andernfalls dieBremsen nicht abgesandt werden. Die genaue Adresse dieser Firma ist: Deutsche Perrotbremsen G.m.b.H., Mannheim Lindenhofstrasse 15; Postscheckkonto: Karlsruhe 1511, Bankkonto: Rhein= ische Kreditbank, Mannheim. -
Bei den nächsten 5 Wagen werden demnach Beträge für Vorderradbremsen nicht abgesetzt. -
Zu Ihrer Orientierung teilen wir Ihnen mit, dass vertragsgemäss die in Konsignation befindlichen Wagen nicht gefahren werden dürfen. -

Betr. 6 Reichswehrwagen.

Für die Wagen der Reichswehr werden auf das Konto der Sparkasse, Varel für 7 Wagen insgesamt überwiesen:	66.238,55
hiervon stehen der Treuhand-Oldenburg für 1 Wagen zu:	9.462,65
der Stadt bleiben für 6 Wagen:	56.775,90
für Sonderteile wurden uns zur Verfügung gestellt:	8.207,60
	48.568,30

Seite 92, oben: Hansa Typ P als offener Tourenwagen um 1925
Unten: Die letzten Mitarbeiter von Hansa in Varel haben sich nach der Schließung des Werks durch Carl Borgward zum Schlußbild mit einem Hansa Typ 8 Fahrgestell versammelt.
Rechts: Halbfertige Hansa A 8 Cabrio-Limousine bei Karmann in Osnabrück

einzig einen rentablen Betrieb zugelassen hätte. Vor allem die Transportkosten zwischen Rohstofflagern und Werkstätten hatten unproduktive Kosten zur Folge, die herabgedrückt werden mußten. Im Gutachten hieß es: *»Sollte eine Wiederingangsetzung des Werkes in Aussicht zu nehmen sein, so kommt die bauliche Herrichtung und Instandsetzung einzelner Gebäulichkeiten und Werkstätten in Frage (...) Die Rohstoffläger bedürfen einer Umgruppierung, um die (...) Verschiebung des Materials auf kürzeste Wege zu beschränken«.*

Eklatante Mängel kamen auch bei der Nachprüfung der Werkstättenausrüstung zum Vorschein. Der Maschinenpark der Hansa, sowohl für die Herstellung der einzelnen Autoteile wie für die Montagen und den Werkzeugbau nebst Maschinenreparaturen, bestand zum großen Teil aus völlig veralteten, überwiegend stark abgewirtschafteten Maschinen. Nur aufgrund der gut arbeitenden Maschinenreparatur und Betriebsschlosserei waren die Maschinen noch *»in bestmöglichem Zustande erhalten und lassen vor allen Dingen mittels der Ausschußkartei, welche einen Arbeitsausschuß von nur ungefähr 2% ausweist, erkennen, daß sie dauernder Sorgfalt und Pflege unterzogen worden sind. Allein die bisher erhaltene Qualität des Wagens zeugt von ausgezeichneter Arbeit in den Werkstätten und sorgfältiger Betriebsführung, der es jedoch mit dem vorhandenen Maschinenmaterial nicht möglich sein kann, auf der maschinellen Seite diejenigen Einsparungen herbeizuführen, welche auf Grund der allgemeinen Lage des Automobilmarktes und zur Durchführung erheblicher Preisreduktionen in der Zukunft unbedingt notwendig sind.«*

Der Gutachter befürwortete eine durchgreifende Erneuerung des Hansa-Maschinenparks und veranschlagte dafür einen Betrag von 400 000 Mark.

Was den Karosseriebau im Vareler Werk betraf, so kritisierte das Gutachten die hohen Fertigstellungskosten der Hansa-Aufbauten und wies darauf hin, daß Spezialfabriken längst in der Lage seien, die Autokleider erheblich günstiger zu liefern:

»Es wird die Aufgabe des Betriebes sein müssen, sich selbst in bedeutend erweiterter Form zu spezialisieren und Nutzen aus der Errichtung auswärtiger Spezialfabriken zu ziehen, welche das einzelne Teilprodukt auf Grund einer Massenfertigung günstiger herstellen können, als es ein Automobilwerk mit seiner immerhin beschränkten Produktionsziffer vermag. Hierunter fallen namentlich auch Teile wie Kühler, Bremsvorderachsen, Steuerung, Zahnradfabrikation, Kotflügel und ähnliches.«

Die Montagewerkstätten sah der Prüfungsbericht durch zu hohe Stundenziffern belastet. Man ging davon aus, durch Konstruktionsabänderungen den Zeitaufwand senken zu können und eine monatliche Produktion von etwa 75 fertigen Chassis erreichen zu können.

Im Bereich Werkzeugbau forderte der Wirtschaftsprüfer Scholz die Wegrationalisierung des *»hohen unproduktiven Arbeiterbestands«* mittels *»Auffrischung des Maschinenparks«*. Zudem sollten Generalreparaturen einzelner Maschinen fortan in fremden Betrieben durchgeführt werden, da sie dort billiger waren.

Auch das Ersatzteillager wurde zum Abspekken aufgefordert: *»Es muß eine Entlastung der Läger von den älteren Reserveteilen Platz grei-*

Leserbrief der Hansa-Werke an »Der Gemeinnützige«

Es schwirren über den derzeitigen Auftragsbestand unseres sowie über die Beschäftigung unseres Angestellten- und Arbeiter-Personals derartig verwirrende Gerüchte in der Stadt umher, daß wir uns veranlaßt sehen, dazu Stellung zu nehmen.
Zunächst ist behauptet worden, wir seien nur bis zum 1. Februar mit Aufträgen versehen. Diese Auffassung entspricht nicht den Tatsachen.
Wir haben Bestellungen vorliegen auf 300 Fahrzeuge. Die Fahrgestelle dazu fabrizieren wir hier, die Karosserien werden, da es sich um eine Spezial-Ausführung in großem Maße handelt, von der Karosseriefabrik der Deutschen Industrie-Werke gemacht. Vertragsgemäß können und sollen diese Werke die Karosserien bis Ende Februar fertigstellen, in Wirklichkeit wird sich die Fertigstellung infolge verschiedener Umstände bis weit in den März hinein verteilen. So lange sind wir infolgedessen ohne weiteres mit Aufträgen versehen. Die Wagen haben jedoch bei der Kundschaft einen solchen Anklang gefunden, daß sie schon

fen, deren Vorhaltung eine zu starke Berücksichtigung etwa möglicher Forderungen erkennen läßt. Hier wird sich unter Umständen selbst die teurere Neuherstellung eines bestimmten Ersatzteiles im Bedarfsfalle in der Endwirkung als rentabler herausstellen als das jahrelange Bereithalten solcher Teile nur für den Fall einer eventuellen Anforderung, da dann die Investierung namhafter Betriebsmittel fortfällt.«

Ein Dorn im Auge des Gutachters war die Abteilung Einkauf-Verkauf, die durch schleppende Anlieferung dringend benötigter Teile ständig für Leerlaufzeiten des Betriebs gesorgt hatte:

»Das Einkaufsbüro hat unseres Erachtens nicht ständig genug Fühlung mit dem Betrieb gehabt und Sorge dafür getragen, daß vor einer jeweiligen Bestellung die Lagerbestände Berücksichtigung fanden, damit die kürzesten Zulaufsfristen eingehalten werden konnten.«

Zu einer ungewöhnlichen Belastung des Werkes trugen aber nicht nur die Leerlaufzeiten angesichts fehlender Teile bei, sondern auch die naturgemäße Lagerung von Einzelbeständen.

Starke Einwände gab es gegen die Konstruktion des Hansa-Wagens (Typ P 8/36 PS), die als *»unmodern«* gebrandmarkt wurde.

Ein großes Handicap für den Absatz der Hansa-Wagen waren ihre hohen Verkaufspreise. Um sich im Wettbewerb mit den billigen ausländischen (aber auch inländischen) Konkurrenten zu halten, mußte die Hansa nach Auffassung des Gutachters einerseits den Preisabbau Mitte der zwanziger Jahre mitmachen und andererseits versuchen, dabei noch rentabel zu arbeiten.

Während im Dezember 1925 die erzielten Verkaufspreise:

für eine Hansa-Phaeton 11 600 Mark,
für eine Limousine 15 300 Mark,
für ein Untergestell 9 600 Mark,
und für eine sog. Berliner Kleinkraftdroschke 12 800 Mark

betrugen, waren sie bereits 1926 zurückgegangen auf:

für ein Phaeton 9 800 Mark,
für eine Limousine 12 000 Mark,
für ein Untergestell 8 300 Mark,
für eine Droschke 11 200 Mark.

Dem Druck der Verhältnisse folgend, fielen die Autopreise 1926/27 weiter. Auch die Hansa mußte Preisreduktionen eingehen; denn die Preiskurve der deutschen Autoindustrie bewegte sich im Eiltempo abwärts, wie sich auf der Automobilausstellung im Oktober/November 1926 zeigte. Vor allem die amerikanischen Hersteller brachten – dank Fließfertigung – preiswerte Wagen auf den Markt und setzten damit preislich den Maßstab.

Im Vergleich zu dem Massenausstoß der Autoschmieden Detroits waren die Hansa-Automobilwerke geradezu ein Autozwerg. Laut Gutachten reichte für das Vareler Werk die Fertigstellung von 60 gebrauchs- bzw. verkaufsfertigen Fahrzeugen aus, um Rentabilität für den Betrieb zu gewährleisten (zum Vergleich: der GDA-Mitgliedsbetrieb Brennabor ließ in seinem Brandenburger Werk ab 1923 tagtäglich 120 Wagen vom Band rollen!).

»Amerikanische Produktion in landläufigem Sinne«, so stellte der Wirtschaftsprüfer Scholz fest, *»kommt für das (Hansa-)Werk nicht in Frage, da es sich um eine verhältnismäßig geringe Produktionsziffer eines Werkes handelt, das seine Kraft in der Qualitätsarbeit sieht und nicht in der Massenfabrikation, welche letztere in Varel so gut wie ausgeschlossen ist.«*

Bei der Konstruktion und dem gesamten Aufbau des Hansa-Wagens hielt man lt. Gutachten einen Preis von etwa 8 000 Mark für eine Phaeton und 9 500 Mark für eine Limousine als angemessen und noch begrenzt erzielbar.

Als das Gutachten im August 1926 vorgelegt wurde, waren bei der Hansa nur noch 160 Arbeiter und 60 Angestellte beschäftigt. Niemand wußte, wie es weitergehen sollte, aber nach außen hin gab sich die Geschäftsleitung optimistisch und betonte, daß einer baldigen Wiederinbetriebnahme der Fabrik nichts mehr im Wege stünde.

Laut Aussage von Hansa-Direktor Hanemann waren dafür folgende Summen notwendig:

500 000 Mark von der Staatlichen Kreditanstalt unter Bürgschaft der Stadt Varel, weiter 500 000 Mark in Aktien, die von den Banken gezeichnet werden sollten und zuletzt noch 250 000 – 500 000 Mark, die einzelne Interessenten aufbringen mußten.

Es begann eine wochenlange Phase des Verhandeln und Sondierens, während der sich die finanzielle Schlinge immer stärker um den Hals der Vareler Automobilfabrik legte. Permanent fehlte das Geld, um vor allem die fälligen Löhne und Gehälter für die wenigen noch verbliebenen Werksangehörigen auszuzahlen. Mehrmals sprang wieder die Stadt Varel ein, übernahm weiterhin Bankbürgschaften bzw. gewährte Darlehen und bekam dafür den Gegenwert in Form von Hansa-Wagen übereignet. (Anfang Juli 1926 waren es 30 Fahrzeuge.) Die finanzielle Abwicklung übernahm meist die Treuhand A. G., Oldenburg als Vertreterin eines Bankenkonsortiums.

Viel Ärger gab es mit Zulieferfirmen, deren Teile von der Hansa noch nicht bezahlt waren, und die daraufhin ihre Rechte an den in die Obhut der Stadt und der Bank gegebenen Wagen geltend machten.

Nachdem in Varel das Gerücht umging, an den der Stadt zur Verfügung gestellten Fahrzeugen wäre mit Nachlässigkeit gearbeitet worden,

Nachfrage darüber hinaus hervorgerufen haben, und wir können schon jetzt mit ziemlicher Sicherheit auf Aufträge von mindestens 30 weiteren Fahrzeugen rechnen. Außerdem kommen auch von anderen Städten Anfragen, so daß es durchaus wahrscheinlich ist, daß wir auch von dort Aufträge erhalten.
Was nun die Lieferung von *Serien*-Fahrzeugen angeht, so bekommt man dafür bekanntlich größere Aufträge im voraus in der Automobil-Industrie erfahrungsgemäß überhaupt kaum, das ist vielmehr ein *laufendes* Geschäft in den Konjunkturzeiten, welches dann von den auf Vorrat gearbeiteten Serien-Fahrzeugen gedeckt wird, während in den schlechten Verkaufszeiten auf Lager gearbeitet wird. Seit Jahr und Tag begann die Konjunktur hierfür immer im Übergang vom Januar auf den Februar. Wir rechnen dieses Jahr vorsichtigerweise damit, daß die Konjunktur erst im März wieder einsetzen wird, und vielleicht auch etwas schleppender und nicht ganz in der derselben Höhe wie in den früheren Jahren. Anfänge dieser Belebung der Konjunktur sind jedoch schon jetzt zu bemerken.
Die überaus kurze Zeit, die uns seinerzeit zur Umstellung auf den derzeitigen Fabrikationstyp zur Verfügung stand, erforderte ein Höchstmaß von Beanspruchung im Betrieb, dem wir nicht nur durch Vollarbeit, sondern zum Teil auch durch Über- und Nachtarbeit Rechnung tragen mußten. Auch die sogenannten unproduktiven Abteilungen waren daran indirekt mitbeteiligt. Nachdem nun jetzt durch forcierte Fabrikation die Lieferung so aufgezogen ist, daß die Anlieferung von Fahrgestellen und die Lieferung von Karosserien in Gleichklang gebracht worden sind, können wir hier das bisherige, hochbetriebene Tempo in der Fabrikation einschränken, besonders die Nachtschicht, welche bekanntlich in Anbetracht der hohen Stromverbrauchszahlen unrationell ist, und wir sind dadurch genötigt gewesen, ca. 25 Mann insgesamt zu beurlauben, und zwar sind ein Drittel davon Auswärtige, ein Drittel aus dem Landkreis Varel und ein Drittel aus der Stadt Varel.
Was den Karosseriebau angeht, so mußte dieser, da wie vorher gesagt, die Sonder-Aufbauten auswärts gemacht werden, bereits seit Beginn dieser Fabrikation verkürzt arbeiten, ein Umstand, der natürlich auch jetzt noch anhält und den wir in dem Maße verbessern zu können hoffen,

wie sich demnächst die Konjunktur in normalen Serien-Fahrzeugen wieder beleben wird. Wenn sonst noch in einzelnen Fällen vereinzelte Leute zur Kurzarbeit übergehen müssen, so geschieht das lediglich, um in der heutigen wirtschaftlich beanspruchten Zeit überall zu sparen, wo Ausgaben nur irgendwie vermeidbar sind.
Was nun die Fabrikation in den mechanischen Werkstätten und dann anschließend in den Gruppenschlossereien für die Zeit angeht, wo die Arbeiten an den *Sonder*-Fahrzeugen erledigt sein werden, so wird die Frage, ob weiter voll gearbeitet werden kann oder eingeschränkt werden muß, erst dann beurteilt werden können, wenn das Wiedereinsetzen der Konjunktur in normalen Serien-Fahrzeugen endgültig und klar übersehen werden kann. Wie schon vorweg erwähnt, erwarten wir das spätestens für den Anfang März, und es ist infolgedessen wohl möglich, daß wir in den vorbenannten Abteilungen voll werden durcharbeiten können. Als vorsichtige Geschäftsleute müssen und wollen wir jedoch auch mit der Möglichkeit rechnen, daß die Konjunktur noch später und noch schleppender einsetzt, als wir erwarte,; für diesen Fall wäre allerdings im Laufe des Februar auch mit einer teilweisen Einschränkung in den rein produktiven Abteilungen zu rechnen.
Von allen deutschen Automobilfabriken sind wir zur Zeit am besten beschäftigt.
Wenn nicht etwas ganz außergewöhnlich Ungünstiges eintritt, hoffen wir bestimmt, keinerlei Einschränkungen *in dem Maße* vornehmen zu müssen, daß die Erwerbslosenfürsorge und vor allem die Stadt noch weiter in Anspruch genommen zu werden braucht.
Es ist auch wiederholt in der Stadt das Gerücht verbreitet worden, daß das Interesse der Stadt an der »Hansa« ein nur kleines sein könne, da die im Werk beschäftigten Arbeiter zum weitaus größten Teil von auswärts kämen.
Wir erklären demgegenüber, daß unsere Belegschaft an Arbeitern sich zu genau 50% aus der Stadt Varel rekrutiert, zu 30% aus dem Amt Varel und nur zu 20% von auswärts. Bei den Angestellten ist das Verhältnis noch wesentlich günstiger.
Was die Hansa-Werke Aktiengesellschaft für Varel zu bedeuten hat, wird sich jeder Einwohner bei ruhiger Überlegung selbst sagen können.
27. 1. 1926

beschloß der Stadtmagistrat, in kurzen Zeiträumen Kontrollen bei der Montage der Hansa-Wagen vorzunehmen und auch die Verkaufsbereitschaft zu überprüfen.

Die Hansa-Werke dementierten sofort die Gerüchte und sahen sich veranlaßt, in einem innerbetrieblichen Rundschreiben die verbliebenen Mitarbeiter zu mehr Arbeitsdisziplin anzuhalten:

»Wie Ihnen bekannt sein wird, ist ein großer Teil der schon fabrizierten und in den nächsten Wochen noch zu fabrizierenden Fahrzeugen als Sicherheit für Kredite übereignet, ein Teil davon an die Stadt Varel.

Zweck des Hereinnehmens von Geld in der letzten Zeit und der damit verbundenen Übereignungen war, unter allen Umständen zu versuchen, Fabrikation und Verkauf in Gang zu halten und dadurch die Sanierung, die wir erstreben, zu erleichtern, so daß auch für die Zukunft das Werk als solches hoffentlich weiterexistieren wird. Die Hoffnung darauf wird unterstützt durch den Umstand, daß die aus den Fahrzeugen zu erlösenden Verkaufswerte größer sein werden als die Schuldbeträge, für welche die Fahrzeuge übereignet sind. Das Ganze setzt aber natürlich voraus, daß die Fahrzeuge nach wie vor, dem guten Namen des Fabrikates »Hansa« gemäß, in bester Qualität ausgeführt werden und daß infolgedessen jeder Ingenieur und Meister sowie die gesamten Kontroll-Instanzen jetzt erst recht ihr Möglichstes tun, um das zu garantieren. Das liegt zugleich im Interesse des Werkes, unserer Gläubiger und unserer Kunden.

Ich habe besondere Veranlassung, diese Rundschrift heute herauszugeben, weil mir bereits aus der Stadt Gerüchte zu Ohren gekommen sind, die besagen, an den Fahrzeugen würde jetzt bereits mit Nachlässigkeit gearbeitet, dieselben würden zusammengehauen. Ich habe das naturgemäß energisch zurückgewiesen, und ich setze das Vertrauen in die Ingenieure, Meister und in die Arbeiterschaft, daß sie, wie bisher, so auch in der jetzigen schwierigen Zeit die Werksleistung in der bei ihr unbeirrt vorhandenen Absicht, nur »Hansa-Qualitätswagen« herzustellen, bis zum äußersten unterstützen.«

Vorerst beruhigten sich die Gemüter nicht. Viele zweifelten an der Zukunft des Automobilbaus in ihrer Heimatstadt. Zu den Zweiflern gehörten auch die Stadtwerke, die sich längst die Gas- und Wasserrechnung wöchentlich – und natürlich bar – ausbezahlen ließen.

Aber auch innerhalb des Magistrats der Stadt Varel kam es zu heftigen Kontroversen darüber, ob man den Hansa-Werken weiterhin Darlehen (und zu welchen Bedingungen bzw. bei welchen Sicherheiten) gewähren sollte. Grundsätzlich allerdings sah sich die Stadt verpflichtet, zu helfen, waren doch die Hansa-Werke der gewichtigste Wirtschaftsfaktor der Region. Zudem wollte man die Zahl der Arbeitslosen nicht weiter steigen lassen, da diese sonst wiederum den Amtsverband zu stark belastet hätten (Arbeitslosengeld).

Der Magistrat nahm seine Aufgabe ernst, die Finanzen der Hansa zu durchleuchten und den Finger auf die bisher vom Hansa-Management gemachten Fehler zu halten. Das wiederum brachte den Hansa-Gründer Aufsichtsratsvorsitzenden Robert Allmers auf den Plan. Per Schreiben vom 26. 9. 26 beklagte er die »Erörterung der persönlichen und vertraglichen Verhältnisse«, wobei es speziell um die Person von Mitbegründer Sporkhorst ging. Ihm unterstellten besonders die Sozialdemokraten viel zu hohe Bezüge als Vorstandsmitglied und kaufmännischen Dilettantismus.

In der Hauptsache ging es natürlich nicht um Sporkhorst, sonderen um die hohen Kosten der Sanierung des Hansa-Werks überhaupt. Bedenken gegen die Gewährung eines Darlehens von 500 000 Mark gab es nicht nur innerhalb des Magistrats sondern vor allem bei der Staatsbankdirektion in Oldenburg, wo Varels Bürgermeister Berlit am 26. November 1926 persönlich anfragte, ob die Hergabe eines Darlehens in Höhe einer halben Million Reichsmark seitens der Staatlichen Kreditantalt an die Stadt Varel zur Finanzierung der Hansa-Werke auch erfolgen könnte, wenn der Amtsverband für das der Stadt Varel zu gewährende Darlehen keine Bürgschaft übernehmen sollte.

Die Staatsbankdiektion lehnte dies strikt ab:

»Die Vermögenslage der Stadt Varel, wie sie insbesondere in den letzten Monaten erkennbar geworden ist, gestattet die Hergabe eines weiteren Kredits in solcher Höhe an die Stadt Varel nicht.«

Letztlich brauchte die Hansa das umstrittene 500 000 RM Darlehen der Stadt gar nicht in Anspruch zu nehmen. Das Werk bildete neues Kapital u. a. dadurch, daß durch Umwandlung von Schulden der Hansa in Aktien vorhandenes Material zur Kapitalbildung freigemacht wurde.

Die Schulden der Hansa betrugen im Dezember 1926:

bevorrechtigte Forderungen . . .	369 000 RM
gesicherte Forderungen	412 000 RM
Quotenforderungen	525 000 RM
insgesamt	1 306 000 RM

Davon gingen folgende Forderungen ab, welche in Aktien umgewandelt wurden:

Indag	100 000 RM
Deutsche Werke	47 000 RM
Continental-Compo	52 000 RM

Darmstädter u. Oldenburger
Bank . . . . 200 000 RM

Es blieb also ein Betrag von 907 000 RM übrig, der abgedeckt werden mußte.
Dem gegenüber bezeichnete das Werk den Kapitalbedarf für die volle Wiederaufnahme des Betriebes wie folgt:

Eigentliche Fabrikation . . . . . . 590 000 RM
Beschaffung von Maschinen . . . 310 000 RM
Umstellung des Werkes . . . . 60 000 RM
Weiterentwicklung einer
neuen Type . . . . 50 000 RM
Verkaufsreserve . . . . 200 000 RM

= 1 210 000 RM

Dieses Geld konnte weitgehend durch die Geldspritzen der neuen Aktionäre aufgebracht werden. Lapidar lehnte das Hansa-Werk den vormals so begehrten Kredit der Stadt Varel ab. Am 8. Februar 1927 schrieb das Automobilwerk dem Magistrat:

»So sehr wir die Bemühungen der Stadt Varel wegen eines Kredits für unser Werk begrüßt haben, müssen wir jedoch von weiteren Verhandlungen auf diesem Gebiet Abstand nehmen, da uns die Gruppe der neuen Großaktionäre nahe gelegt hat, von der Aufnahme eines Hypothekenkredits mit den von Ihnen vorgeschlagenen Bedingungen abzusehen. (...)
Hochachtungsvoll
Hansa Automobilwerke A. G.
gez. Sporkhorst. gez. Jauns«.

Neu in den Aufsichtsrat der Hansa kamen Vertreter der »Industrielle Disconto-Maatschappij«, (Amsterdam) die von Jakob Schapiro, einem berüchtigten Spekulanten in der Automobilbranche, ein großes Aktienpaket übernahm (30% des Grundkapitals von 2,3 Mill. RM).

Nach einem Zwangsvergleich wurde die Geschäftsaufsicht bei der Hansa aufgehoben.

Der Automobilbau in Varel ging also weiter. Ende 1927 präsentierten die Hansa-Werke den Typ A 6 und A 8 mit Continental-Motoren. Auch die Karosserien wurden nicht mehr in Varel hergestellt, sondern bei Karmann in Osnabrück. Das war billiger und ermöglichte günstige Verkaufspreise – ganz in dem Sinne, wie es Gutachter Dr. Scholz vom RDA 1926 gefordert hatte.

Die sehnlichst gewünschte Geschäftsbelebung der Hansa-Werke blieb trotz aller Anstrengungen dennoch aus. Nur in spärlichen Scharen verließen Hansa-Wagen das Fabrikgelände, auf dem einst stolze Alpensiegerwagen entstanden und Reichsfahrtsieger gefeiert wurden.

Nachdem die Banken sich 1929 von den Hansa-Lloyd Werken in Bremen trennen wollten und in Carl F. W. Borgward einen entschlossenen Käufer fanden, mußte dieser auf Wunsch der beteiligten Banken – vor allem der Schröder-Bank – die Hansa-Werke gleichfalls übernehmen. Der Betrieb wurde schleunigst verkauft. Der letzte Hansa-Wagen entstand 1930 in Varel.

Das Hauptgebäude der Hansa-Werke existiert noch heute – es beherbergt die Bundeswehr.

1926
Die Hansa-Werke werden durch einen Kapitalschnitt saniert, der Teil eines Zwangsvergleichs ist. Das alte Aktienkapital wird auf 1/20tel abgewertet (60 000 RM) und neue Aktien in Höhe von 1,5 Mill. RM werden herausgegeben. Eine Amsterdamer Bank übernimmt 30% Kapital von dem Spekulanten Jakob Schapiro, der in Konkurs gegangen war, nachdem seine Versuche, mit gewagten Manipulationen bei Daimler in Stuttgart und Benz in Mannheim jeweils die Mehrheit der Aktien in Besitz zu bekommen. Die Banken hatten daraufhin die beiden Renommier-Werke vereinigt. Der Bürgermeister der Stadt Varel, Berlit, erhält einen Aufsichtsratssitz bei Hansa.

1927
Die Hansa-Lloyd-Werke werden saniert. Dafür werden die Aktien im Verhältnis 4:3 zusammengelegt. Dann werden neue Aktien für 1,79 Mill. RM ausgegeben, die vor allem stark engagierte Bremer Banken (Schröder und Danat) zeichnen.
Robert Allmers scheitert im gleichen Jahr mit dem Versuch, die bedeutendsten Nutzfahrzeug-Produzenten zu fusionieren am Widerstand von Büssing.
Zum Jahresende belebt sich das Geschäft bei Hansa-Lloyd.

1928
Die Hansa-Werke machen einen Verlust von 380 000 RM, vor allem wegen hoher Abschreibungen bei Außenständen. Der PKW-Absatz stagniert, so daß die Produktion stark eingeschränkt wird.

1929
Durch die Fusion mit Hansa-Lloyd wird das Hansa-Aktienkapital noch einmal auf 1/5 seines nominellen Werts reduziert.

Feierabend in Varel. Arbeiter verlassen das Werk durch den Haupteingang.

ACHTUNG!
langsam fahren
61
62
63
64

Personenwagen der Marke »Hansa-Lloyd« 1920–1931

Ihr Hauptaugenmerk widmeten die Hansa-Lloyd Werke in den zwanziger Jahren dem Bau von Nutzfahrzeugen. Darüberhinaus offerierte man – innerhalb des von den GDA-Gesellschaften festgelegten Typenprogramms – einen schweren Personenwagen: den »Treff-Aß 18/60 PS«. Er wurde von 1920 bis 1925 in nur kleinen Stückzahlen gebaut und war eine Fortentwicklung der Hansa-Lloyd-Type H – 16/50 PS.

Die beiden Pkw-Modelle, die die Bremer Automobilfabrik in den zwanziger Jahren baute, hatten keine besondere wirtschaftliche Bedeutung für das Unternehmen. Sie dienten eher dem Prestige. Vom Image der konventionellen, ja konservativen – sieht man einmal von der Motorisierung ab – Wagen der Luxusklasse sollte vor allen Dingen der Lkw-Bau profitieren. Denn auch in den zwanziger Jahren konnten die Firmen nur mit auffälligen Pkws Furore machen, während z. B. die Schnellastwagen, die eigentliche automobil- und technikgeschichtliche Leistung der Bremer, außerhalb öffentlichen Interesses auch ökonomisch gediehen.

Wie erfolgreiche Autos vielleicht auch in den 20er Jahren hätten aussehen müssen, dokumentierte ab 1934 Carl F. W. Borgward, der aber in dieser Zeit noch bescheidene, aber marktgerechte Dreiräder baute.

Hansa-Lloyd 18/60 PS »Treff-Aß«

Beim Zusammenschluß der vier Firmen Hansa-Lloyd, Hansa, Brennabor und NAG zur »Gemeinschaft Deutscher Automobilfabriken« hatte man sich darauf geeinigt, das Typenprogramm der beteiligten Unternehmen zu straffen und aufeinander abzustimmen. Im Personenwagenbau sah die Aufteilung wie folgt aus: Brennabor produzierte leichte Personenwagen, Hansa etwas schwerere Modelle und die Hansa-Lloyd-Werke die ganz schweren Personenwagen. Die NAG. lag mit ihrem Pkw-Typenprogramm zwischen Hansa und Hansa-Lloyd.

Der Hansa-Lloyd Personenwagen hatte die Typbezeichnung 18/60 PS »Treff-Aß« und wurde von 1920 bis 1925 in nur geringen Stückzahlen gefertigt, bis er von dem hanseatischen Achtzylinder-Spitzenmodell »Trumpf-Aß« (1926–1930) abgelöst wurde.

Der 18/60 PS-Personenwagen war ein starker Vierzylinder-Personenwagen, der gleichermaßen als Stadt- wie Reisewagen angesprochen werden konnte. Das Fahrzeug verfügte über eine beachtliche Höchstgeschwindigkeit (100 km/h) für seine Größenklasse und über ein solides Steigvermögen. Seine Federung war groß und reichlich dimensioniert; sie befand sich unterhalb der Achsen nach dem System der Schwebefederung angeordnet und gewährleistete – laut Werksangabe – *»bei jeder Fahrgeschwindigkeit überraschend weiches und wiegendes Fahren. Die Spezialfederung bedeutet zugleich die beste Schonung des Motors und der Übertragungsorgane und verbürgt dem Fahrzeug eine unbegrenzte Lebensdauer.«*

Was Chassislänge und -breite betraf, so war der Hansa-Lloyd Personenwagen erheblich größer als die meisten Wagen der gleichen Stärke. Der Wagenaufbau entsprach der Größe des Fahrzeugs und war in seinem Oberbau vornehm und dezent gehalten. Bizarre Formgebungen waren für die Hanseaten eher *»Ausartungen des Ungeschmacks«* und entsprachen nicht den *»ungeschriebenen Gesetzen des Geschmacks der guten Gesellschaft«* (GDA-Rundschau, Nov. 1924).

Nur staubtrockene Hölzer, ausgewähltes Leder und erstklassige Lacke fanden beim Aufbau dieses Hansa-Lloyd-Flaggschiffs Verwendung. Aschenbecher, elektrischer Zigarrenanzünder, Spiegel, Necessaire, Blumenvasen und Gepäckhalter gehörten zur serienmäßigen Innenausstattung dieses komfortablen Stadt- und Reisewagens. Originalton Hansa-Lloyd: *»Sie verleihen ihm sozusagen die Behaglichkeit eines Wohnraumes. Die Art, wie alle diese angenehmen und wichtigen Kleinigkeiten der Ausstattung im Hansa-Lloyd angebracht sind, machen den Aufbau zu einem Meisterwerk deutscher Karosseriebaukunst. Die altbewährte Güte des Hansa-Lloyd-Erzeugnisses offenbart sich in diesem Wagen von ihrer besten Seite.«*

Mit Sicherheit war der Hansa-Lloyd »Treff-Aß« ein qualitativ ausgereiftes Fahrzeug, aber von der Optik und seiner Technik her setzte er keine Maßstäbe. Er war eher konventionellen Zuschnitts, wenngleich repräsentativ. Die wenigen Kunden lobten an dem Wagen, daß seine Konstruktion nicht alljährlich erneuert wurde. Auf der Automobilausstellung in Berlin 1924 präsentierten die Hansa-Lloyd Werke den Wagen als 18/60 PS Sport-Phaeton (Karosserie Seeger, Leipzig), als 18/60 PS Allwetterwagen (geschlossener Siebensitzer, Karosserie Rembrandt,

Der Hansa-Lloyd-Achtzylinderwagen, auch »Trumpfaß« genannt, gehörte zur hohen Klasse des deutschen Automobilbaus und ist in eine Reihe mit den Luxuswagen von Horch, Maybach und Daimler-Benz zu stellen. Obwohl ein Werk modernster Präzisionsarbeit und hohen Ingenieurkönnens verkaufte er sich nur schlecht. Er war am Markt vorbei projektiert worden. Statt trendgemäß Kleinwagen zu bauen, setzte Hansa-Lloyd alle Karten auf seinen e i n z i g e n Luxustyp und geriet immer mehr in rote Zahlen. 1931 wurden die letzten Hansa-Lloyd Achtzylinderwagen von dem neuen Werksbesitzer Carl F. W. Borgward als Hansa Typ »Imperator« billigst feilgeboten.

Ein Hansa-Lloyd-Rennwagen auf Basis des »Treff Aß« in Argentinien im Jahre 1925.

Seite 103: Bremen empfängt die Atlantikflieger. Der Korso besteht aus offenen Hansa-Achtzylinder-Wagen und berittener Polizei. Die Aufnahme zeigt die Wagen in der Obernstraße.

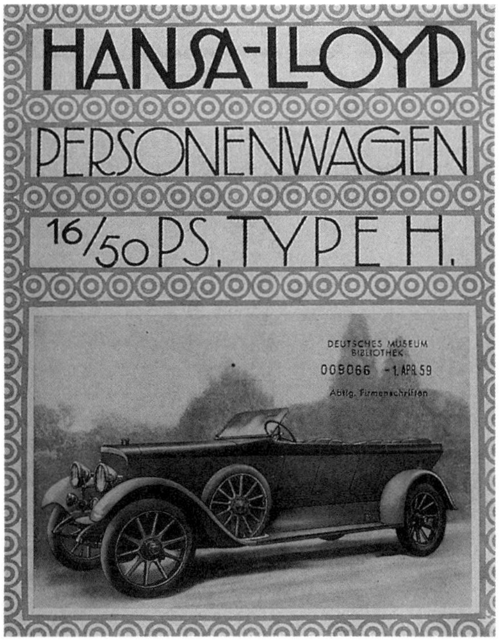

Delmenhorst) sowie als Limousine mit abnehmbarem Oberteil (Karosserie Gläser, Dresden). Außerdem lieferte Hansa-Lloyd den Pkw mit Krankenwagenaufbau.

Hansa-Lloyd Achtzylinderwagen: »Trumpf-Aß«

Er war der große Stolz der Hansa-Lloyd Werke – und brachte dem Bremer Unternehmen doch nur rote Zahlen: der 100 PS starke Achtzylinderwagen, »Trumpfaß« genannt. Einen Prototyp präsentierte Hansa-Lloyd schon im Herbst 1923, allerdings mit leistungsschwachem 80 PS OHC-Königswellenmotor, der als erster deutscher Achtzylinder umjubelt wurde. Da es dem Aggregat an Serienreife fehlte, gingen weitere Jahre ins Land, bis Hansa-Lloyd-Kunden ihren »Trumpf-Aß« endlich erwerben konnten. Unter anderem fehlte der Wagen auf der Internationalen Automobilausstellung in Berlin im Dezember 1924. Erst 1925 stellte Hansa-Lloyd auf dem Personenwagenstand in den Messehallen am Kaiserdamm ein Fahrgestell ihres hundertpferdigen Achtzylinders aus. Außerdem zeigten sie ihren Achtzylinder-Wagen als Phaeton und als Kabriolett karossiert. Eine Achtzylinder-Pullmanlimousine stand vor der Ausstellung zu Vorführungszwecken bereit.

Im folgenden Jahr, 1926, bot der Personenwagenstand der Hansa-Lloyd Werke wieder das gleiche Bild, beschränkte sich doch das Pkw-Programm auf diesen einzigen Typ, den 100 PS-Wagen. Die Grundzüge der Konstruktion waren seit dem vorangegangenen Jahr die gleichen geblieben, jedoch hatte das Achtzylinderfahrgestell einige Vervollkommnungen erfahren. Vor allen Dingen wurde dadurch, daß für die Übertragung von der Kurbelwelle zur Steuerwelle Schraubenräder gewählt wurden, eine völlige Geräuschlosigkeit der Übertragung erreicht. Die Kurbelwelle wurde mit Ausgleichsgewichten versehen, so daß ein absolut ruhiger und erschütterungsfreier Lauf des Motors auch bei den sogenannten kritischen Tourenzahlen gewährleistet war.

Er war mit dem Getriebe zu einem Block vereinigt, der in dem Fahrgestellrahmen in Dreipunktaufhängung befestigt war. Die Kupplung war als trockene Mehrplatten-Lamellenkupplung ausgeführt. Die Kurbelwelle war zehnfach gelagert und trieb die über den Ventilen liegende Nockenwelle durch spiralverzahnte Kegelräder an. Die Ventilfedern waren durch Stößelstangen umhüllt, die den seitlichen Druck der Nocken von den Ventilschäften fernhielten. Ein Doppelvergaser versorgte je vier Zylinder gleichmäßig mit Kraftstoff. Hauptluftvorwärmung und Startklappe sorgten für schnelles Anspringen auch in kalter Jahreszeit.

Das Kühlwasser wurde durch eine Zentrifugalpumpe in Umlauf gebracht und durch ein Thermostat auf gleicher Temperatur gehalten. Dem großen Inhalt entsprechend konnte ein dreigängiges Getriebe statt eines Vierganggetriebes verwandt werden. Die Hinterachsbrücke war aus Stahlblech gepreßt. Der Hinterachsantrieb erfolgte durch spiralverzahnte Kegelräder. Als besonders wichtige Ausrüstungen verdient noch die Vierradservobremse sowie vor allem als damalige Neuheit eine Zentralschmierung Erwähnung, durch die von der Spritzwand aus alle Gelenke gleichzeitig versorgt werden konnten. Bemerkenswert war außerdem, daß Hansa-Lloyd einen Luftreiniger und einen Ölkühler mit Filter anbrachte.

Als besonderer Vorzug des Hansa-Lloyd Achtzylinderwagens vor seinen gleich starken Wettbewerbern der Luxusklasse auf dem Weltmarkt galt namentlich das relativ leichte Gewicht von 1400 kg und die hohe Leistungsfähigkeit des Motors, der trotz niedriger Kompression bei einem Zylinderinhalt von 5,25 l schon bei 2700 Touren hundert Pferdestärken entfesselte. Da fast alle anderen Achtzylinder 6-, ja sogar oft 7-Liter-Motoren besaßen, bedeutete die Anschaffung eines Hansa-Lloyd-Achtzylinders für den Kunden eine nicht unerhebliche Steuerersparnis. Außerdem lag der Benzinverbrauch im günstigeren Bereich. Mit 120 Stundenkilometern Spitzengeschwindigkeit war der »Trumpf-Aß« kein ausgesprochener »Renner«, aber er suchte auch gar nicht den Sinn darin, ungezählte Kilometer in der Stunde zu fressen und die Berge hinaufzufliegen. Sein Wert lag in der hervorragenden Beschleunigung. Der Wagen konnte sehr schnell gebremst

Oben: Blick in die »Pullmann«-Ausstattung eines Hansa-Lloyd Achtzylinders, wie er bei Karmann karossiert und ausgestattet wurde.
Seite 105: Achtzylinder-Cabrio (Trumpf Aß), wahrscheinlich in werkseigener Karosserie.
Unten: Cabrio-Limousine mit Karmann-Karosserie.

und überaus leicht gelenkt werden und lag fest auf der Straße und in den Kurven. Diese Fahrsicherheit wurde beim Hansa-Lloyd Achtzylinder auch durch den großen Achsstand und seine breite Spur erreicht. Die Drahtspeichenräder begünstigten die Federung des Wagens. Ab Ende 1928 lieferte Hansa-Lloyd sein Flaggschiff auf Wunsch mit Dreiganggetriebe in Verbindung mit einem Schnellganggetriebe, Patent Maybach, aus, welches u. a. auch bei normaler Geschwindigkeit den Motor mit niedriger Tourenzahl arbeiten ließ. Der Hansa-Lloyd-Achtzylinderwagen war ein *»Wagen für Wenige«*, ein Wagen in hoher Preislage, aber auch ein Fahrzeug von größter Bequemlichkeit, Schnelligkeit und hoher Sicherheit. Daß der Wagen entsprechend seiner Klasse mit Karosserien allerersten Fabrikats versehen wurde, daß diese Karosserien ein Maximum an Geräumigkeit und Eleganz boten, war selbstverständlich. Auf Wunsch wurde der »Trumpf-Aß« auch »nackt« ausgeliefert. Der Kunde konnte also mit dem kompletten Chassis zu einem Blechschneider seiner eigenen Wahl gehen, wobei das Fahrgestell mit 17500 RM zu Buche schlug. Als kompletten siebensitzigen Tourenwagen (Karosserie Karmann) offerierte Hansa-Lloyd seinen Achtzylinderwagen für 22500 RM ab Werk; am teuersten kam die Pullman-Limousine mit 35000 RM. Wenngleich der Hansa-Lloyd-Wagen einem Horch- oder Mercedes-Wagen durchaus ebenbürtig war *(»Bremer Rolls Royce«)*, erwies er sich als kaufmännischer Fehlschlag. Seine Entwicklung hatte nicht nur Unsummen an Investitionen gekostet, sondern es gab Ende der zwanziger Jahre keinen Markt mehr für die PS-Riesen. Die Weltwirtschaftskrise stand bevor. Außerdem drängten die Amerikaner mit ihren billigen aber repräsentativen Fließbandautos so furios auf den deutschen Markt, wie heute die Japaner der Mittelklasse, und eroberten große Marktanteile. 1929 wurden in Deutschland nur noch 92025 Personenwagen und 16230 Lkw hergestellt, 1930 gar nur 71960 Pkw und 9985 Nutzfahrzeuge. Die Automobilindustrie erwies sich als besonders konjunkturempfindlich und die Hansa-Lloyd-Werke verschuldeten sich immer tiefer. 1931, nach der Verschmelzung der Goliath-Werke mit den Hansa-Lloyd-Werken, stellte der neue Besitzer Borgward die Produktion des »Trumpfaß« ein. Die wenigen noch vollendeten Wagen wurden als Hansa »Imperator« mühevoll an den Mann gebracht. Die genauen Produktionszahlen des 100 PS Hansa-Lloyd-Wagens lassen sich nicht mehr ermitteln.

AUTOMOBILE

Das Ende von Hansa-Lloyd

In der wilhelminischen Zeit zählten Automobile zu den Hautausfuhrgütern der deutschen Industrie. Im Jahre 1912 etwa wurden 8 846 Stück, im Jahre 1913 8 861 Stück deutscher Personen- und Lastkraftwagen exportiert, darunter zahlreiche Namag- und Hansa-Fahrzeuge. Eingeführt wurden im Vergleich dazu nur 1 189 bzw. 958 Vehikel ausländischer Provenienz. Der Hauptabnehmer für deutsche Kraftwagen war damals das zaristische Rußland, den zweitgrößten Kunden besaß die heimische Automobilindustrie in Österreich-Ungarn, fast auf gleicher Stufe stand Südamerika und mit geringeren, aber doch ansehnlichen Quoten waren Großbritanien, die Niederlande, Dänemark, Italien, Belgien und Frankreich als Abnehmer beteiligt.

In der Weimarer Zeit kam der Export größtenteils zum Erliegen. Der kurze Boom während der Inflationszeit konnte nicht auf der Aktivseite der Wirtschaft gebucht werden; und im Augenblick der Stabilisierung der Reichsmark nahm die Automobilausfuhr sofort wieder ein dürftiges Gesicht an. Von Januar bis Oktober 1924 wurden nur noch 1 276 Personen- und 674 Lastkraftwagen ausgeführt. Diesem geringen Ausfuhrkontingent stand in der gleichen Zeit eine Einfuhr von 3 433 Personen- und 384 Lastkraftwagen gegenüber. Noch 1913 waren 40 Prozent der gesamten deutschen Automobilerzeugung ausgeführt worden! 1924 war es also, da mittlerweile die Jahresproduktion auf 40 000 Stück angestiegen war, nur noch ein Bruchteil der Gesamterzeugung!

Deutsche Personenwagen galten Mitte der zwanziger Jahre als nicht ausfuhrfähig – trotz ihres internationalen Rufs und ihrer Sporterfolge genossen sie zwar einen gewissen »Liebhaberwert«, waren aber schlichtweg zu teuer! Ein reiner Pkw-Hersteller wie Hansa in Varel, konnte preislich einfach nicht mit den Fließbandgiganten in Detroit (aber auch mit den billiger produzierenden Autoschmieden in Frankreich und Italien) mithalten. Ein Hersteller wie Hansa-Lloyd, der schwerpunktmäßig Lkw fertigte, dagegen konnte leichter mit der Krise fertig werden. Zwar galten die Hansa-Lloyd-Expreßlastwagen auch als teuer, aber zugleich als zuverlässig und solide. Regelmäßig gingen Kontingente über die Landesgrenzen, besonders nach Griechenland, Persien und Südamerika. Dort war übrigens auch das GDA-Unternehmen NAG mit schweren Lastkraftwagen und Omnibussen bestens eingeführt.

Die unerfreuliche Lage der deutschen Automobilindustrie als Exportindustrie war nicht nur bedingt durch althergebrachte Fertigungsmethoden, sondern auch durch steuerliche Vorbelastungen, welcher das Automobil schon in den Händen seiner Hersteller ausgesetzt war. Nicht nur die 2½ Prozent, 1925 auf 1½ Prozent reduzierte Umsatzsteuer, und andere Steuerarten, wie Gewerbesteuer, Betriebssteuer und Kopfsteuer, sondern insgesamt die 15 Prozent ausmachende (1925 – 10%) Luxussteuer belasteten die deutschen Kfz-Hersteller derart, daß im Bruttoverkaufspreis etwa 20 Prozent steuerliche Vorbelastungen steckten. Im Ausland lag die steuerliche Belastung erheblich günstiger, was die Wettbewerbsfähigkeit auf den internationalen Märkten natürlich steigerte.

Stärker aber noch als die Steuerproblematik beeinflussten technische Ursachen ungünstig die Preisbildung für deutsche Automobile. Deutschland war während des Ersten Weltkriegs und noch Jahre danach auf eine isolierte Wirtschaft angewiesen gewesen. Die deutsche Automobilindustrie hatte während des Krieges sich vorrangig auf die Deckung des Rüstungsbedarfs konzentriert und dabei den technischen Anschluß oftmals verloren. Das erklärt auch, warum Hansa-Lloyd zu Beginn der Weimarer Republik nahezu unverändert die Vorkriegs-Pkw-Modelle wieder ins Programm nahm und nicht neue Wagen präsentierte. Man hatte in Varel und Bremen-Hastedt alle Hände voll zu tun, erst einmal den Trümmerhaufen zu beseitigen. Dazu wären wirtschaftliche Sicherheit und politische Stabilität notwendig gewesen, statt dessen lösten wirtschaftliche Unruhen und Finanzkrisen einander ab, und zu den inneren Schwierigkeiten (Räterepublik, etc.) gesellte sich der Druck von außen (Reparationsleistungen, Versailler Vertrag).

Die Hansa-Lloyd Werke gehörten zu denjenigen Unternehmen, die sich mit diesen Tat-

In der Weimarer Zeit suchten die Hansa-Lloyd Werke verzweifelt nach einem Weg des Überlebens. Die große Inflation überwand das Bremer Unternehmen nur dank seines gut eingeführten LKW-Baus, während die Hansa-Lloyd-Personenwagen der ausländischen Konkurrenz unterlagen – im Preis! Rationalisierung und Typenbereinigung waren die Schlagworte für den Neubeginn in der Zwischenkriegsära. Doch die Weltwirtschaftskrise machte alle Ansätze der Gesundung des Unternehmens wieder zunichte. Durch den Nordwolle-Konkurs 1929 geriet der Mehrheitsaktionär der Hansa-Lloyd Werke, das Bankhaus Schröder, in Liquiditätsschwierigkeiten. Es veräußerte sein Aktienpaket an den Dreiradfabrikanten Carl F. W. Borgward, der mit seiner Fabrik gegenüber den Hansa-Lloyd-Werksanlagen residierte. Seine Dreikantfeilen verkauften sich besser als die luxuriösen Hansa-Lloyd Achtzylinderwagen.

Seite 106, oben: Verschiffung von Hansa-Lloyd Ersatz- und Austauschteilen nach Persien. Unten: Luftaufnahme der Hansa-Lloyd- und Lloyd-Dynamo-Werke um 1928. Am oberen Rand des Bildes ist das Weserwehr und der Osterdeich zu sehen. Oben: Die Belegschaft der Kühlerfabrik Carl F. W. Borgwards um 1923

sachen nicht fatalistisch abfanden, sondern den verlorenen Automobilmarkt im Ausland wiedergewinnen wollten. Sie führten noch rechtzeitig technische Verbesserungen ein, indem sie etwa die Rahmen ihrer Fahrzeuge tiefer legten, die Motoren mit hängenden Ventilen ausrüsten und die Fahrgestelle mit Vierradbremsen versahen. Die Rückkehr zum Flachkühler, das Vordringen der Linkssteuerung, die Motor-Getriebe-Blockkonstruktion, die Bemühungen um geräumige Karosserien mit bequemen Sitzen und außenliegendem Verdeck waren weitere Beweise dafür, daß der Bremer Automobilbau auf den Weg der internationalen Fahrzeugkonstruktionen einzuschwenken versuchte.

Über die technischen Dinge hinaus hatte man in Bremen auch längst begriffen, daß eine durchgreifende Verbilligung der Ware primär nur durch Rationalisierung und Steigerung der Produktion möglich war. Aus diesem Grund drängten maßgebliche Persönlichkeiten des Werks, wie Robert Allmers, schon kurz nach dem Ersten Weltkrieg darauf, das Typenprogramm zu bereinigen und die technische und wirtschaftliche Kraft auf die Herstellung nur eines Typs (bei Hansa-Lloyd die Schnelltransporter) zu konzentrieren. Die Gemeinschaft Deutscher Automobilfabriken, von Robert Allmers initiiert, stellte bekanntlich die größte Interessengemeinschaft von Automobilwerken dar, die nach dem Grundsatz der Typenbereinigung fertigte. Als gutes Beispiel dafür seien die Brennabor-Werke, ein GDA-Mitglied, angeführt, deren Kleinwagen-Produktion seit Stabilisierung der Mark sich verfünffachte.

Bei Hansa-Lloyd stellte man 1926 die Lkw-Fertigung auf das Taylor-System um und war in der Lage, monatlich mehr als doppelt soviele 2-Tonner herzustellen. Erreicht werden konnte dieses Ergebnis durch rein maschinelle Herstellung aller Einzelteile mittels Präzisionsmaschinen, durch rationelle Gruppierung dieser Maschinen, die jedes Stück vom Anfang bis zum Ende der Bearbeitung ohne störende Transporte fertigmachten und durch eine Montage aller zusammengesetzten Aggregate, wie zum Beispiel Motoren, der Getriebe, der Achsen und der Chassis auf laufender Montagebahn. Nur durch die Rationalisierung erhielt sich Hansa-Lloyd die Basis, mit der das Werk überleben konnte, während etwa drei Viertel der deutschen Automobilfabriken zur Inflationszeit später durch Zwangsfusion oder durch Stilllegung von der Bildfläche verschwanden.

Dennoch machten die Automobileinfuhren weiterhin dem Absatz der eigenen Fahrzeuge

sehr zu schaffen. Aufgrund der niedrigen Einfuhrzölle drangen immer mehr US-Firmen mit ihren billigen Wagen auf den deutschen Markt und verkauften 1929 15 000 Exemplare. In eigenen Montagewerken setzten die ausländischen Automobilbauer darüberhinaus 34 000 Vehikel zusammen (zum Vergleich: 1929 wurden nur 720 ausländische Wagen in die Vereinigten Staaten eingeführt, wo man sich durch hohe Schutzzölle den Inlandsmarkt absicherte). »Kauft deutsche Wagen« rief Robert Allmers, seit November 1926 Präsident des Reichsverbandes der Automobilindustrie, die deutsche Kundschaft geradezu beschwörend auf, indes – es half kaum. Namentlich die für einen Pkw-Kauf in Frage kommende Käuferschicht zeigte eine besondere Vorliege für alles Ausländische und legte sich einen Packard, Buick oder Ford zu, wie es auch Bordeauxweine statt Moselrebensaft trank und Bananen statt Äpfel aus dem Alten Land zu verspeisen pflegte. Das war nicht nur eine Frage des Geldes, sondern auch des Geschmacks.

Hier boten amerikanische Wagen neben einem Plus an Leistung auch mehr Fahrkomfort (»Boudoir auf Rädern«) für wenig Geld. Besonders das teure Flaggschiff der Hansa-Lloyd Werke, der luxuriöse Achtzylinder-Pkw, hatte unter der Konkurrenz der großen Amerikanerwagen zu leiden. Aber auch die deutschen Mittbewerber machten den Bremer Autobauern zu schaffen : von Horch bis Stoewer, Maybach bis Mercedes, reichte die Palette derjenigen Hersteller, die mit ähnlichen Spitzenerzeugnissen sich auf dem Markt zu plazieren suchten. Es waren zu viele Produzenten, um in der Nobelfahrzeugklasse schwarze Zahlen schreiben zu können.

Als einer der ersten merkte dies Robert Allmers, auf dessen Initiative ja gerade der Bau des »Trumpf-Aß« zurückging. Er verkaufte 1929, nachdem im Jahr zuvor die Dividende der Hansa-Lloyd Werke ausgefallen war, den Rest seines Aktienbesitzes. Das geschah unauffällig über die Börse. Die Aktien wurden im Freiverkehr gehandelt und prompt von dem Hauptaktionär Bankier Schröder, Bremen, erworben, der damit über die Hälfte des Aktienkapitals der Hansa-Lloyd Werke besaß. Schröder jedoch verstand es nicht, bei Hansa-Lloyd den Fabrikationserlös zu den umfangreichen Investitionen, die aus Betriebsmitteln und mit Hilfe von Bankkrediten vorgenommen worden waren, in das richtige Verhältnis zu bringen. Nach dem Nordwolle-Konkurs der Gebrüder Lahusen 1929 geriet sein Bankhaus in große Liquidi-

Die Produktion der Goliath-Werke war 1931 noch weit von rationellen Produktionsweisen entfernt. Trotzdem traf Borgward die Bedürfnisse des Marktes auch schon zu dieser Zeit. Das Bild zeigt das alte Goliath-Werk, in der an Goliath-Dreirad Vorderladern und an zwei Goliath Pionier gearbeitet wird (Pionier: Einzylinder-Zweitakt-Motor, 189 ccm, 5,5 PS, 50 km/h)

1927
Die Hansa-Lloyd-Werke werden saniert. Dafür werden die Aktien im Verhältnis 4:3 zusammengelegt. Dann werden neue Aktien für 1,79 Mill. RM ausgegeben, die vor allem stark engagierte Bremer Banken (Schröder und Danat) zeichnen.
Robert Allmers scheitert im gleichen Jahr mit dem Versuch, die bedeutendsten Nutzfahrzeug-Produzenten zu fusionieren am Widerstand von Büssing.
Zum Jahresende belebt sich das Geschäft bei Hansa-Lloyd.

1928
Hansa-Lloyd steigert seinen Umsatz um 18% und macht einen Reingewinn von 50 000 RM. Trotzdem steigen die Außenstände und die Verbindlichkeiten.

1929
Die GDA löst sich faktisch auf, indem GDA-Niederlassungen an die einzelnen Gesellschafter übergehen. Einige dieser Niederlassungen führen auch weiterhin zur Abrundung des Angebots Modelle der ehemaligen Mitgesellschafter.
Robert Allmers wird, da nun nicht mehr Hansa-Lloyd-Vorstand und kein »Auto-Industrieller«, hauptberuflicher Vorsitzender des RdA (Reichsverband der deutschen Automobilindustrie).

Borgward 2300 (1939–1942) mit Sechszylinder-Motor

tätsschwierigkeiten – er hatte der Nordwolle große Kredite gewährt. Schröder beschloß, aus dem Automobilbau auszusteigen und seine Aktienmehrheit zu verkaufen. In den Besitzern der Goliath-Werke, deren Werk gegenüber dem Hansa-Lloyd-Komplex lag, fand er zwei entschlossene Käufer.

Die beiden Gesellschafter Carl F. W. Borgward und Wilhelm Tecklenborg übernahmen die Mehrheit der Hansa-Lloyd-Aktien für lächerliche 175 000 RM. Zwei Jahre später ging die Firma in ein Vergleichsverfahren. Die Weltwirtschaftskrise hatte Hansa-Lloyd endgültig den Garaus gemacht. Die Hansa-Lloyd Werke AG hatte hohe Schulden bei den Banken und Verbindlichkeiten bei Lieferanten. Die Hauptaktionäre Borgward und Tecklenborg waren davon allerdings nicht mehr so betroffen. Borgward und Tecklenborg hatten zuvor von der AG die Grundstücke, das Vermögen der Firma und das Recht der Fortführung unter dem angestammten Namen Hansa-Lloyd übernommen. Diese Substanz wurde in die Hansa-Lloyd-Goliath-Werke Borgward und Tecklenborg eingebracht.

Im Dezember 1931 schließen die neue OHG

1931
Die Goliath Werke Borgward & Co. steigern ihren Umsatz durch die Erfolge im Kleinlieferwagenbau um 50% und bauen auch einen ersten kleinen PKW, den kleinrädrigen Goliath Pionier. Die Hansa-Lloyd-Werke AG machte zwar 1930 einen Gewinn von ca. 17000 RM, trotzdem zeigen sich keine Sanierungserfolge. Borgward und Tecklenborg beschließen, die Substanz in eine neue Firma einzubringen und mit dem alten Firmenmantel in Liquidation bzw. Konkurs zu gehen. Die Markennamen »Hansa« und »Lloyd« werden von Borgward weiter benutzt und bleiben so bis zum Borgward-Konkurs 1961 lebendig. Die Modellpalette wird bis auf den Schnellastwagen- und den Elektrofahrzeugbereich total erneuert.

Hansa-Lloyd-Goliath-Werke GmbH mit der Hansa-Lloyd-Werke AG Verträge auf Rechtsnachfolge und gründen die Automobil-Gesellschaft Bremen-Hastedt AG. Ihr Grundbesitz wird aufgelassen.

Borgward und Tecklenborg stoppten 1929 sofort den Bau des Achtzylinderwagens: die noch unverkauften »Trumf-Asse« wurden noch 1931 wie Sauerbier als »Hansa Imperator« angeboten. Der Bau der Schnellastwagen lief jedoch weiter und blühte unter dem Naziregime dank Werkmachtsaufträgen stark auf. Borgward und Tecklenborg sorgten für eine durchgreifende Änderung in der Organisation der Hansa-Lloyd-Fertigung. Dank Primitiv-Kleinfahrzeugen mit Holzkarosserien überwanden sie nahezu ungeschoren die Weltwirtschaftskrise, während andere Hersteller, etwa NAG und Brennabor, längst ihre Automobilfertigung einstellen mußten.

In Bremen begann unter der Regie von Carl F. W. Borgward, der es verstand, bald zum Alleinunternehmer und Bremer Automobilkönig zu werden, ein neues Kapitel des Automobilbaus, welches bis 1961 andauern sollte...

Hansa 1100 Limousinen werden im Bremer Hafen verladen Im Vordergrund Schnellaster.

Der Autor

Ulrich Kubisch *1951 in Bremen, studierte in Zürich und Berlin Geschichte und Slawistik. Nach dem Examen und dem Volontariat in einem Hamburger Zeitschriftenverlag ließ er sich zunächst in Berlin als freier Journalist nieder. Heute ist er Mitarbeiter des »Museums für Verkehr und Technik« und verfaßt regelmäßig Beitäge zu automobilhistorischen Themen für Tages- und Wochenzeitungen. Regelmäßig schreibt er für die größte europäische Oldtimer-Zeitschrift »Markt für klassische Automobile«.

Von ihm erschienen bisher zahlreiche Bücher zu automobilhistorischen Themen, so über den Automobilbau in Berlin, das Taxi und die Zweirad-Marke Zündapp. Mit Hermann-J. Pölking gibt er bei Elefantenpress, Berlin, die Reihe Verkehrskultur und Technik heraus, in der bisher erschienen: MotorROLLER-mobil – Vom zivilisierten Zweirad zum Fast-Automobil; Aller Welts Wagen – Die Geschichte eines automobilen Wirtschaftswunders; Omnibus – Haltestellen für Alle; 1984 erschien: Borgward – Ein Blick zurück auf Wirtschaftswunder, Werksalltag und einen Automythos

Bildnachweis

Karmann (6) Seite 9, 90, 91, 96, 104
Focke Museum (2) 12, 15
Straßenbahn (3) 13, 65
Staatsarchiv Bremen (7) 19, 74, 100, 103
Archiv für Postgeschichte (3) 47, 50, 51
Hamburger Hochbahn AG (1) 32
Deutsches Museum, München (2) 58, 64, 69
Museum für Verkehr und Technik, Berlin (7) 70, 73, 86, 89, 102
Archiv Kubisch (30)
Privatbesitz (64)

Unser Dank gilt

den Kollegen:

Otto Walenta
Dr. Helmut Krackowitzer
Halwart Schrader
Peter Michels

den Institutionen:

Continental-Werke, Hannover (Herrn Grabe)
Carosserie Buhne, Berlin (Herrn Gross, Frau Mech)
Karmann-Werke Osnabrück (Herrn Werkmeister)
Bremer Straßenbahn AG
Hamburger Hochbahn AG
Hapag-Lloyd, Bremen (Frau Lisson, Firmenarchiv)
Firma Johann Hinrichs OHG (Frau Himmler)
Heimatverein Varel (Herrn Buchtmann)
Focke-Museum Bremen (Herrn Löhr)
Staatsarchiv Bremen (Herrn Patemann und Herrn Dr. Müller)
Niedersächsisches Staatsarchiv Oldenburg
Herzoglich Oldenburgische Verwaltung, Eutin
Nordwest-Zeitung, Oldenburg
Bremer Anzeiger
Radio Bremen (vielen Redaktionen)
Archiv für Postgeschichte, Frankfurt (Frau Wiesner)
Handelskammer Bremen (Frau Duensing)
ADAC Bremen (Herrn Gewecke)
Deutsches Museum, München

den Vareler und Bremer Bürgern

Julius Kummershoff
Detmar Schmoll
Wiard Fischer
Anka Clemes Wölbern
Johann Frerichs
Rudolf Undütsch
Delmut Hävecken
Ina Amelung
Else Benoir
Herrn Fluß, Bremen
Hans Draewe
Wolfgang Sauer
sowie
Ingeborg Knobloch
Heinrich Petzet
Paul Wendiggensen
und vielen anderen Privatpersonen, die uns Bilder überlassen haben.

Mein *ganz besonderer Dank* aber gebührt Frau Eva Lange, Bremen, deren Vater zu den Pionieren des Elektromobilbaus in Deutschland gehörte und lange Jahre das Geschick der Hansa-Lloyd Werke lenkte, sowie Frau Anette Wenthur, durch deren Hilfe es gelang, noch mehr Licht in die Geschichte des Bremer und Vareler Automobilbaus zu bringen.